ハッタミミズ

ハッタミミズ

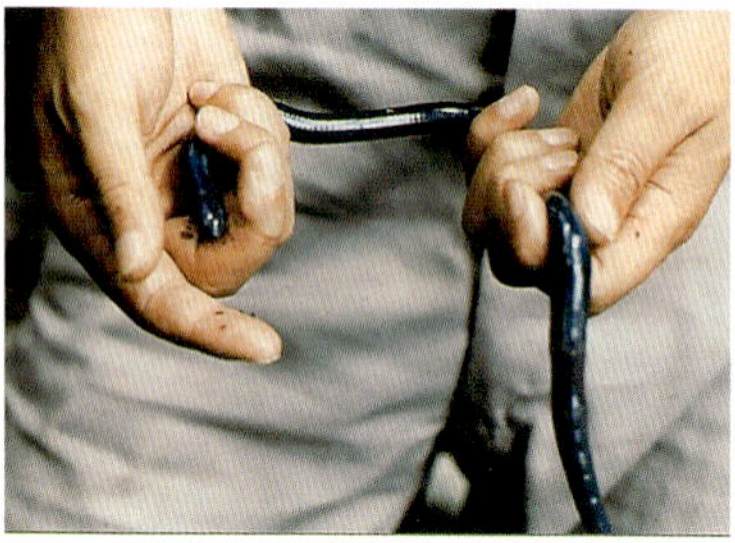

シーボルトミミズ

シマフトミミズ

ハッタミミズの糞塊

糞塊はイネの近くにもある

ハッタミミズの卵包

ハッタミミズの幼体

びわ湖の
森の生き物
5

琵琶湖ハッタミミズ物語

渡辺弘之

サンライズ出版

はじめに

石川県能登半島の付け根にある河北潟畔（かほくがたほとり）の八田村（はった）（現金沢市八田町）で発見され、新種として記載されたハッタミミズというのがいることは知っていた。１９７７年（昭和52）のこと、本当にいるのか、どんなミミズなのだろうかと、八田村まででかけたことがある。その後、このミミズが琵琶湖周辺にも広く分布することを私自身で確認し、このミミズ探しに夢中になった。さらにそのミミズが、滋賀県余呉湖（よごこ）、福井県三方五湖（みかたごこ）にも分布することがわかった。

このミミズの命名者東北帝国大学理学部教授だった畑井新喜司（はたいしんきし）は、このミミズが八田村という狭い地域にしか分布しないことから、本種を東南アジアのミミズ、それを銭屋五兵衛が運んできたものだと推論した。外来種とも考えられたため、きわめて珍しいミミズなのに、天然記念物にもされなかった。

しかし、琵琶湖、余呉湖、三方五湖でも生息が確認されたことから、このミミズは日本土着のミミズだと確信した。このミミズは水田の畔（あぜ）に生息し、畔にトンネルをつくり貯めた水が抜けてしまう。農家からは害虫として嫌われていた。一方、ウナギ釣りの餌にも使われている。このミミズの存在は畔のわきに排出される特徴ある糞塊によって確認できる。とはいえ、糞塊をみつけても畔を崩し捕獲するわけにはいかない。農家がもっとも嫌うことである。

そんな中で、これまでに調べたこと、わかったことを紹介してみたいと思った。ということは、分布域にしろ、その生活史にしろ、わかっていないことの方がずっと多いということである。

本書によって、広くハッタミミズの存在を知っていただき、分布や伝説・利用などについて情報をいただきたい。そのことで、より詳細な分布域が確認できる。まさかと思われるところから、びっくりする情報が得られるのではないかとも期待している。そして、農村基盤整備や多用な農薬の使用で、このハッタミミズの生存が大きく脅かされていることを知っていただきたい。

目次

第3章 琵琶湖周辺にもいたハッタミミズ

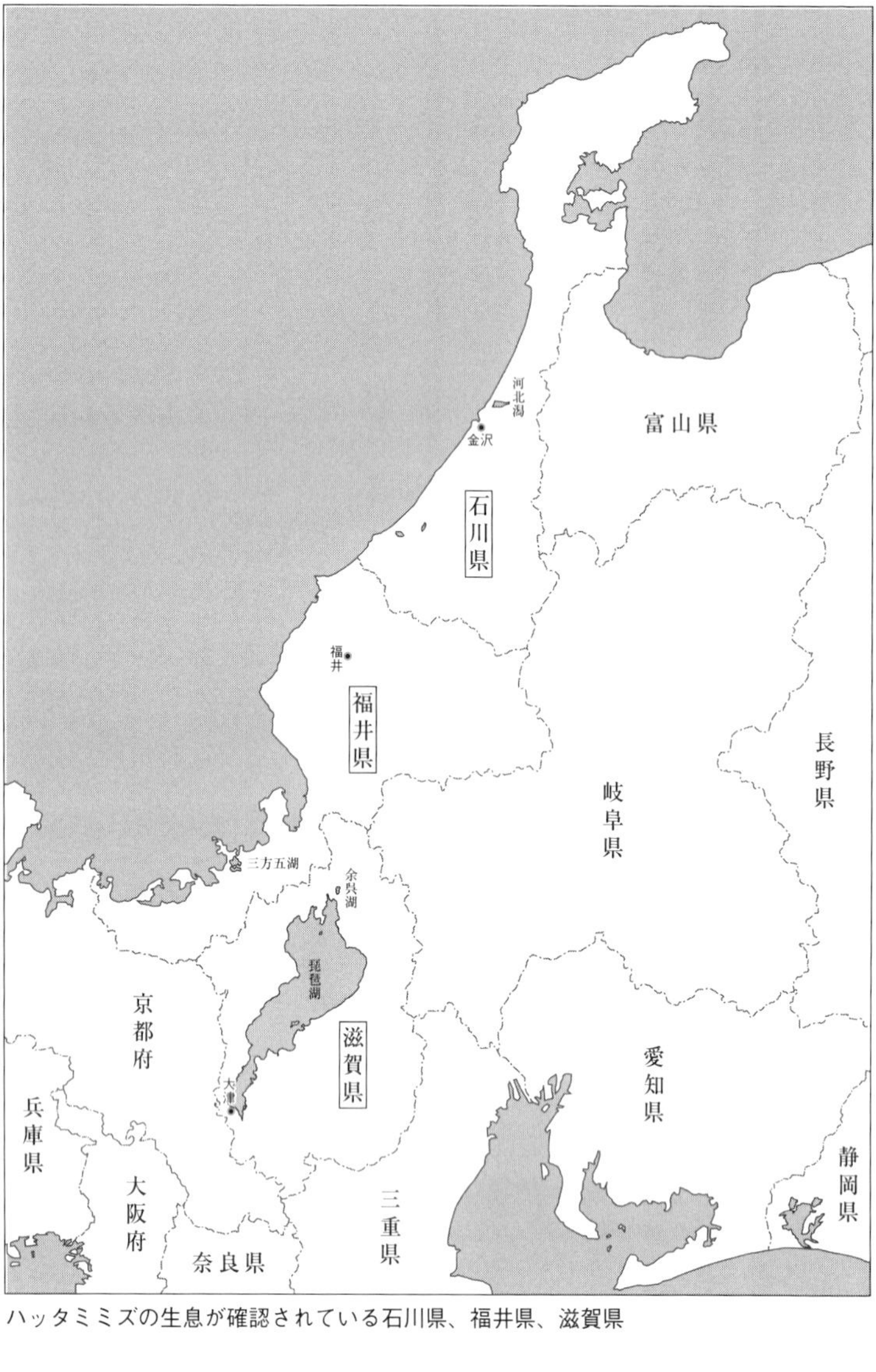

ハッタミミズの生息が確認されている石川県、福井県、滋賀県

第1章 ミミズの世界への招待

1. ミミズを調べる

足元にある未知の動物世界

足元の土の中にいる動物を「土壌動物」という。しかし、その土壌動物の定義はむつかしい。土の中からは冬ならカエルやヘビもでてくる。キツネやカワセミは土の中に巣をつくる。トラやゾウも土の上を歩き、寝っころがっている。こんなものも土壌動物と呼ぶのだろうか。それなら陸上動物はみんな土壌動物になってしまう。実際、分類上でも、土の中からは小さなものでは目に見えない原生動物からモグラやネズミのような脊椎動物哺乳類まで、大きさでも数ミクロンの原生動物から体長2mを越すヘビまででてくる。

普通は、土壌動物をミミズのように一生を土の中で過ごすもの、セミのように生活史のあるステージだけ土の中で過ごすもの、あるいは、冬、樹上から下りてきて土の中で冬を越すものなど、土とより密接な関係をもつもの、それも無脊椎動物に限っている。とはいえ、大きさがちがうこと、生活史がちがうことから、どのくらいの数がいるかという個体数調査ではそれぞれに調査方法を変えないといけない。

南極の動物相がかなりわかった現在、未知の世界は深海だけだといわれる。実際、暗黒で酸素もなく、おまけに強力な水圧の中にたくさんの動物がいることがわかってきた。海底の砂の中にも線虫などたくさんの未知の動物がいるらしい。これらが解明されたら、現在3000万種といわれる地球上の生物種は2億種にも達するのではないかもといわれている。

しかし、特殊な深海探査船でしか近づけない深海でなく、私たちの足元、土の中にもまだよくわかっていない未知の動物世界がある。1960年代当初、私が土壌動物研究を始めて読んだドイツ語のテキストブック『土壌生物学 Bodenbiologie』（1950）に「土の中はわからんものでいっぱいだ」という言葉があったことを覚えている。それから50年だから、一部では分類も大きく進んだが、まだこの言葉が使える。まず、でてくる動物の名前がわからないのである。

体長2㎜以下の中型土壌動物と呼ばれる落ち葉を食べているササラダニでも、当時、日本から知られているのはたった6種だったものが、現在では約660種がみつかっている。まだまだ未記載種・新種がでてくるようだ。ダンゴムシ・ワラジムシの仲間も戦前は10種ほどであったが、現在は140種以上が記載され、最終的には200〜300種になると予想されている。全体像がみえてきたということだ。それでも成体・成虫でないと種名がわからないものが多い。土の中にいるものの多くは幼虫や幼体である。大きなセミでもコガネムシでも成虫なら子供でも名前がわかるだろうが、幼虫で種名のわかる人は少ないはずだ。

生物研究の基本は分類の確立であるが、土の中の動物では日本では誰も研究していない、専門家のいない動物グループがある。ミミズでも現在名前がついているものが150種程度だが、500種以上はいるのではとされる。しかし、大学にも博物館にもミミズ分類研究者がいないのである。逆に、そんな研究者を育てることがたいへんなのである。こんなことに興味をもつ若者もいるのだが、数年ではとても専門家にはなれない、一生を研究に捧げないといけないであろう。「そんなことをしても就職先がないよ、飯が食えるの」と圧力がかかり、興味の芽を摘んでしまう。科学の基礎になること、先進国の日本でこんな専門家を育てないのはおかしい。ぜひ、育ててほしいものだ。

そんな未知の動物世界が足元の土の中にある。

ミミズのはたらき

代表的な土壌動物の一つミミズが土を食べ、土を動かし、土を耕耘(こううん)してくれていることはよく認識されている。そのことで作物の収量があがるということだ。しかし、どのくらいの量の土を動かしてくれているのか、多くの人は答えられないだろう。私自身、土壌動物研究・ミミズ研究を始めて、明らかにしたかったのはミミズの落葉粉砕（分解）へのはたらきと土壌生成への貢献であった。土の中にたくさんのミミズがいること、地表に土の糞塊がでることでもミミズが土づくりにはたらいていることは確かであった。その量を、数値で示したかったのである。

その具体的数値を示すことで農業、あるいはもっと広く生態系への土壌動物・ミミズの貢献を認識してもらえる、その保護にももっと注目してもらえると思ったのである。

しかし、土の中での行動だけに、それは直接は目にはみえない。どうやってミミズの耕耘量を調べたらいいのであろう。実は研究を始めてすぐに知ったのが、「種の起源」を著した進化論のチャールス・ダーウィンの功績であった（図1）。ミミズによる土壌耕耘量を地表に排出される糞塊を回収することで調べていたのである。ヨーロッパにはオウシュウツリミミズという地表によく糞塊を排泄する種がいる。イギリスとフランスの草地で1年間に1m²に換算して1・9kgと4・0kgの糞塊

図1　チャールズ・ダーウィン
（ロンドン、自然史博物館）

図２　ミミズを食べるトラツグミ（写真　山本尚義）

をだしたという。ミミズが動かす土の量をはじめて数値で示したのである。

日本にもクソミミズという地表に糞塊を排出するミミズがいるのをみつけ、このミミズの糞塊を回収すれば土壌耕耘量がわかるはずだと、草地で１年間、その糞塊を回収してみた。１年間といっても、活動期は４～10月であったが、この期間に排出された糞塊量は１㎡あたり３・５kg、これは土壌約３・１ℓに相当し、これが崩れ、ならされると３・１㎜の厚さになった。毎年、３・１㎜の新しい土の層をつくったということだ。しかし、回収まえに乾燥や雨で崩れてしまったものもあるし、それよりも地表に排出した量よりもっとたくさんの糞が地中のトンネルや隙間(すきま)に残されているのがわかった。得られた値はこれだけは動かしたという最低値

図3　ハッタミミズ

で、実際にはこの5～10倍は動かしているのではと思った。

日本産のミミズの多くは地中にいて糞塊を地表には排出しない。ミミズが土壌耕耘にはたらいてくれているといったものの、その量はミミズの種類、生息密度、個体の大きさ、活動期間、気象条件、地表の植生や土壌の性質などで大きく異なる。糞塊を地表に排出しないミミズではどうやって調べたらいいのかいいアイデアが浮かばないのだが、ミミズによって土が耕され、動かされていることはまちがいない。それも人類の誕生、農耕の起源より余程昔からである。ダーウィンは「植物が育っている地表の土壌はもう何度もミミズの消化管を通ってきたものだ」といっている。

日本には「ミミズが土を食い尽くす」「ミミズ

の木登り」「ミミズの案じごと」ということわざがある。ミミズが土を食い尽くしたり木に登ることなど有り得ない、「できるわけのないこと、無用の心配をすること」の意である。「ミミズの案じごと」もこの大地を食べ尽くしたあとは何を食べたらいいのだろうかというミミズの心配事のことで、これも無用のたとえだ。やはりダーウィンのいったとおり、ミミズによって土は耕され、ミミズが土を食い尽くすことを何度もやっているようだ。ミミズのいないところ、少ないところへミミズを導入しての作物収量・牧草収量の増加も確認されている。

そのミミズがいなくなっている。今日一日の生活の中で、ミミズのいる土を踏まれただろうか、ほどんどの方は舗装道路を歩いただけ、直接、土を踏んではいないだろう。ミミズのいないことは農業生産にも影響し、ミミズを食べている鳥類・哺乳類にも、さらにはもっと広く生態系全体にも影響しているはずなのである。土の中で起っている変化にももっと目を向けないといけない。

2. ミミズとは

日本最大の湖、滋賀県の琵琶湖周辺の水田の畔(あぜ)にいる日本一長いミミズ「ハッタミミズ」について紹介したいのだが、やはり先にミミズ全般について、どんな動物なのか述べておこう。ミミズの一般的なイメージは細長くて脚のないもの、それもぬるぬるした嫌いな動物の一つだろう。ミミズのからだは全体を通じ同じ太さの細長い円筒形であるが、それでも頭としっぽはやや細くなる。たくさんの指輪(リング)がつながったようなものだ。蛇腹(じゃばら)タイプのゴムホースといった方がわかりやすいだろう。

世の中には虫が大嫌いという人は多い。残念ながら、ミミズもその嫌いな動物の一つのようだ。ずっと以前のことだが、テレビでどんな動物が嫌いかというのをやっていた。嫌いのトップはヘビだろうと思って見ていたのだが、意外にもゴキブリだった。これに次いでナメクジ、クモ、ヘビ、ゲジ（ゲジゲジ）、アリが続き、ミミズは7位だった。

２００１年（平成13）に宮武頼夫(みやたけよりお)さんが大阪の女子短大生で調べた結果ではゴキブリ、ムカデ、ヘビ（爬虫類）、カ（蚊）、クモ、カラス、カエル、ハト、昆虫（虫・毛虫）がワースト・テンだった。これはもちろん自然とのふれあいの程度や経験に基づくこと、調査地、

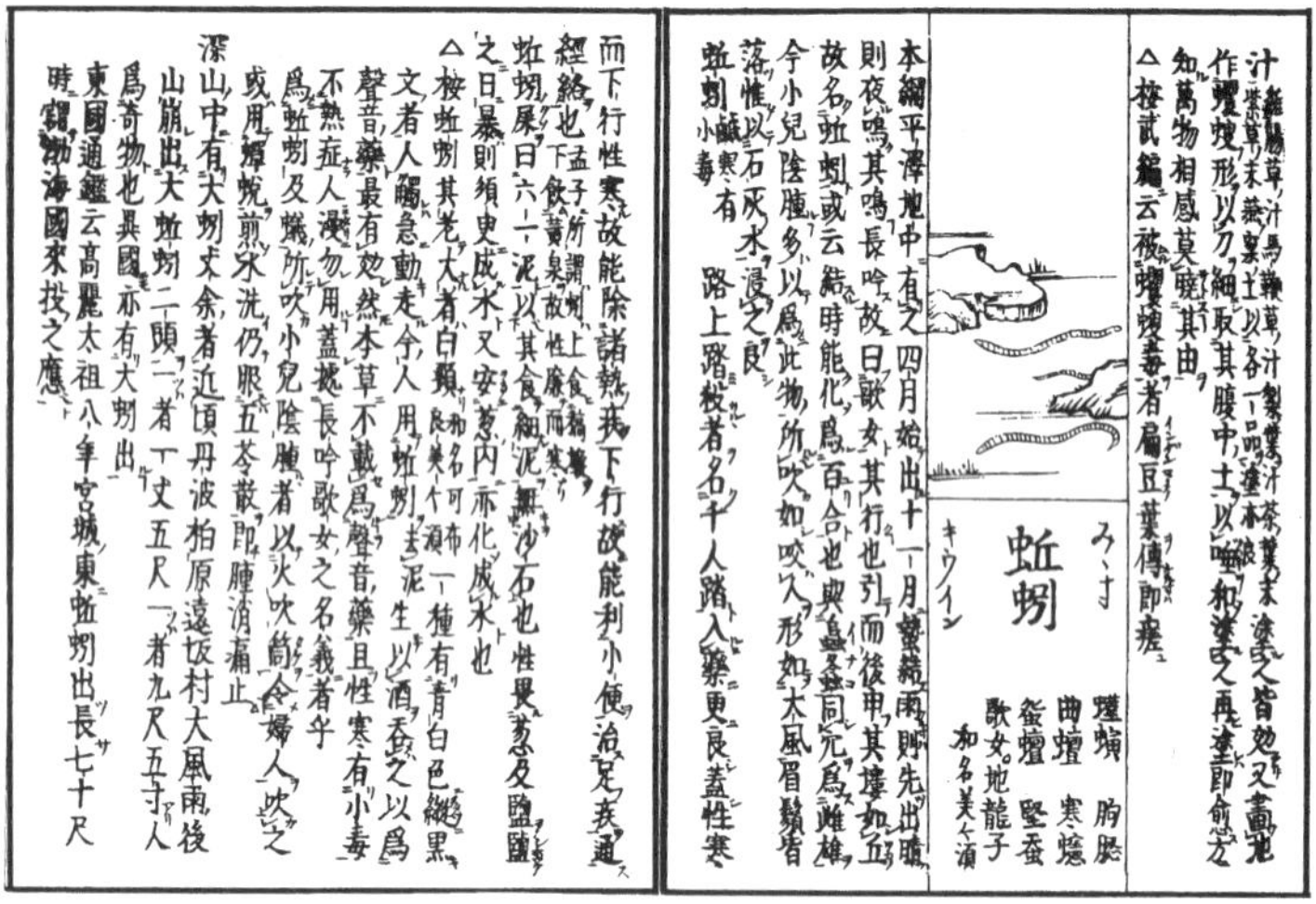
汁雞腸草汁馬鞭草汁㮶葉汁茶葉末塗之皆効又畫地作蠼螋形以刀細取其腹中土以唾和塗之再塗即愈
知萬物相感莫曉其由
△按武編云被蠼螋毒者扁豆葉傳即瘥

蚯蚓　みゝず　キウイン

螼螾　朐䏰　曲蟺　寒蚓　蛩蟺　堅蚕　歌女　地龍子　和名美々須

本綱平澤地中有之四月始出十一月蟄結雨則先出晴則夜鳴其鳴長吟故曰歌女其行也引而後申其塿如丘故名蚯蚓或云結時能化爲百合也與𧒂螽同穴爲雌雄今小兒陰腫多以爲此物所吹如吹入形如太風眉鬚皆落惟以石灰水浸之良
蚯蚓鹹寒有小毒
路上踏殺者名千人踏入藥更良蓋性寒而下行性寒故能除諸熱疾下行故能利小便治足疾通經絡也孟子所謂蚓上食槁壤下飲黃泉故性廉而寒
蚯蚓屎曰六一泥以其食細泥無沙石也性畏葱及鹽蓋之日暴則須臾成水又安葱內亦化成水也
△按蚯蚓其老大者白頸和名可布良美々須一種有青白色纖黑文者人觸急動走令人用蚯蚓土泥生以酒吞之以爲聲音藥最有効然本草不載爲聲音藥且性寒有小毒不熟症人漫勿用蓋據長吟歌女之名義者乎
爲蚯蚓及蟻所吹小兒陰腫者以火吹筒令婦人吹之或用蟬蛻煎湯洗仍服五苓散即腫消痛止
深山中有大蚓丈余者近頃丹波柏原遠坂村大風雨後山崩出大蚯蚓二頭一者丁丈五尺一者九尺五寸人爲奇物也異國亦有大蚓出
東國通鑑云高麗太祖八年宮城東蚯蚓出長七十尺時謂渤海國來投之應

図４　和漢三才図絵の中の蚯蚓

年齢、性別などで大きく異なるのだろうが、それでも、もうミミズが嫌いな動物としてでてこない。理由はまちがいなく、ミミズを見ることが少なくなっているということだろう。しかし、好きな動物にはまだ入れてもらえないようだ。

ミミズの語源は「目不見（メミエズ、メミズ）」だとされている。漢字では「蚯蚓」（図4）と書くが、「地龍」、「赤龍」、「土龍」といった漢字も使う。土の中の龍とは中国らしい大げさな言い方だ。日本では「歌女」という字も使われている。ミミズが鳴くと信じられているからである。このことからミミズを洗って呑むと声がよくなるとされている。

嫌われているミミズではあるが、身近な

ところにもいるのだから、その存在はみんな知っていた。その証拠がたくさんある方言・地方名だ。『日本方言大辞典』（小学館　１９８９）をみてもメメズメ、ミーヤン、ミマジ、ミマンナ、ミミズク、ミミグー、メメコ、メカッタ、メメンタロなどたくさんの方言・地方名が収録されている。ところが、全国的に知られた昔話・童話の中には不思議にミミズがでてこない。

季語では「蚯蚓でる」、「蚯蚓」は夏、「蚯蚓鳴く」、「歌女鳴く」は秋の季語とされ、小林一茶「里の子や蚯蚓の唄に笛を吹く」、正岡子規「手洗えば蚯蚓鳴きやむ手水鉢（ちょうずばち）」、河東碧梧桐（かわひがしへきごとう）「蚯蚓鳴いて夜半の月落つ手水鉢」など、たくさんの俳句がある。実際には、ミミズは発音器官をもっていない。鳴くことはないので、スズムシやコオロギの仲間のケラ（オケラ）が鳴くのをミミズが鳴くと誤解していたようだ。

しかし、ミミズは季語や昔話の中だけでなく、魚釣りの餌、熱さましの薬、そして農業での役割など、もっと実用的なもの、役立つものであった。進化論で知られるチャールス・ダーウィンはその著書『The formation of vegetable mould through the action of worms with observations on their habits』Murray, London（1881）（渡辺弘之訳：ミミズと土　平凡社、１９９４）の中で「鋤（すき）は人類が発明したものの中でもっとも古くもっとも価値あるものの一つである。

しかし、実をいえば、人類が出現するはるか以前から、土地はミミズによってきちっと耕され、現在でも耕され続けている、表土の全部がミミズのからだを数年ごとに通過し、またこれからもいずれ通過する」と述べている。それも土を呑みこんでのことである。植物の生長・作物の収量にミミズによる土壌耕耘のはたらきが大きく効いていることは確かだ。ミミズは私たちの生活とも大きく関わっている。無縁の存在ではない。

3. 日本のミミズは何種？

「ミミズとは」と話し始めると、かならず「日本にミミズは何種くらいいるのですか」という質問を受ける。しかし残念なことに、これに簡単に答えられない。これまで大型の陸生ミミズで日本から記録されたものは134種とか、164種とか、さらには多くのシノニム（同物異名）があり、これらを整理すれば7科77種だという人もいる。ちがう種だとするか、同じ種とするか研究者で見解がちがうということだ。さらに、新種（未記載種）がたくさんあるということだ。

ミミズは昆虫のような翅（はね）をもっていない、ゆっくり這（は）って移動するしかない。たくさんの島で構成される日本列島、おまけに寒い北海道から暑い沖縄まで、背骨のように連なる高山もあり、場所ごとで植物相・植生は大きく異なる。海水は嫌いで海を渡ることはできない。日本列島が大陸から離れたあと、独自の進化もあったはずだ。各地に固有のミミズがいていいはずなのである。日本のミミズの分類研究が進めば、500種以上に達するだろうといわれる。

ミミズは個体変異（種内変異）が大きい。同じ種でどんなちがいがあるのか見極めないといけない。よくわかっている昆虫であれば、1個体で新種記載されることも多いのだが、ミミズではまだそれができない。各地から十分な標本を集めた上でないと新種記載ができないのである。

それほどむつかしいため、ミミズ研究者も少ない。ミミズの標本をつくり、名前を教えてくださいとお願いしてもすぐには同定してもらえない。同定依頼できる大学・博物館も少ない。それでも最近やっと『ミミズ図鑑』（石塚小太郎著・皆越（みなごし）ようせい写真、全国農村教育協会、2014）が出版された。普通に見つかるミミズ51種が原色で掲載されている。身近なところのミミズはこれで名前がわかろう。この図鑑によって、何ミミズか、それがどこまで分布し、どんな生活をしているのかが、次第に明らかにされよう。しかし、500種以上とされるミミズのうち50種しか掲載されていないということは、すぐに名前のわからないミミズがでてくるということだ。それら不明種を集め、比較検討し、個体変異を確かめれば次へ進め、近い将来、日本産ミミズが全部でている図鑑が完成できる。期待しているところである。
イギリスとアイルランドには外来種を含め、ミミズはわずか27種、ドイツ24種だという。日本には少なくとも500種以上はいるという。日本の動物相が豊かなことがミミズでもわかる。

4. ジュズイミミズ（数珠胃蚯蚓）

一般にミミズと呼ばれる陸生の大型のミミズのうち、日本産のものは次の3つの仲間に分けられる。すなわち、魚釣りの餌に使ったシマミミズなどツリミミズ科、畑や森林の落ち葉の下にいるフトミミズ科、そして本書で詳しく述べるハッタミミズなどジュズイミミズ科のものである。大型のミミズの中ではジュズイミミズがもっとも原始的なミミズとされている。

ミミズとは先に述べたように、からだは全体を通してほぼ同じ太さの細長い筒状で、たくさんの体節でできている。指輪（環状の体節）をたくさんつないだものだ。からだの外側には何の付属器官もつけていない。もしつけていたら、土の中のトンネルを通るのに邪魔になるだけだ。この長いからだの中に、先端の口から尻尾の肛門まで太い消化管が通っ

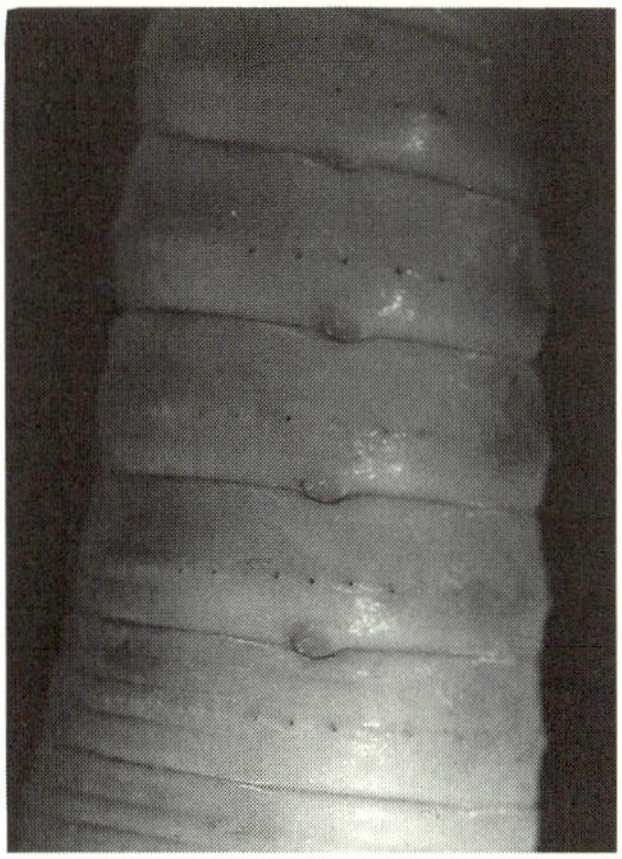

図5　背孔（凹んだところ）と剛毛（黒い点）　セグロミミズ
（写真：上平幸好）

ている。からだを開いてみればわかるが、全身消化管といっていいほどだ。脳、心臓、生殖器官など大事な器官はからだの前方にかたまっている。

ミミズのからだはいつもぬるぬるしている。これが嫌いだという人も多い。実際、触ってみればわかるが、ねばねばし、洗ってもとれないし、嫌な臭いもする。体節と体節の間に、それも背中（正中線（せいちゅうせん））に沿って背孔（はいこう）といわれる分泌腺（ぶんぴつせん）があり、ここから粘液（ねんえき）を分泌し、いつもからだを濡らしている（図5）。この背孔はツリミミズでは第4体節と5体節の間、あるいは5体節と6体節の間から始まり、フトミミズでは第11体節と12体節の間、あるいは12体節と13体節の間からは始まる。この背孔は陸生のミミズだけがもち、半水生のジュズイミミズや水生のミミズにはない。からだを粘液で濡らさなくてもいいからである。この背孔がないのもジュズイミミズの特徴の一つだ。

　ミミズが「貧毛類」と呼ばれることはご存じだろうか。環形動物のゴカイの「多毛類」に対し、毛（剛毛）が少ないから貧毛類と呼ばれるのだが、ゴカイよりもヒルに近縁だとされている。ミミズはまちがいなく立派な剛毛をもっている。しかし、あのぬるぬるのからだのどこに剛毛があると思われよう。

　実は剛毛は普段は体節の中央を取り巻いている剛毛鞘の中に納まっている。実体顕微鏡でみると、各体節の中央に黒い点線が続いているのがはっきりみえる（図５）。これが剛毛鞘である。剛毛（刀）を納める鞘のようなものだ。剛毛は長さ０・５㎜程度、地中を移動するとき、これをオール（櫂）のように動かしているようだ。

　この剛毛鞘がツリミミズ科とジュズイミミズ科では腹側に４対８本あるだけだが、フトミミズ科では全周にぐるっとあり、その数は１００本を超える。フトミミズの仲間のクソミミズでは第７体節で１４０～１６０本、第20体節では70～１００本、剛毛の少ないタマミミズでは第７体節で26～32本、第20体節で30～37本だったとされる。個体ごとでもちがうようだ。いずれにしろ、この剛毛の配置と数がツリミミズ、ジュズイミミズとフトミミズを分ける区別点でもある。

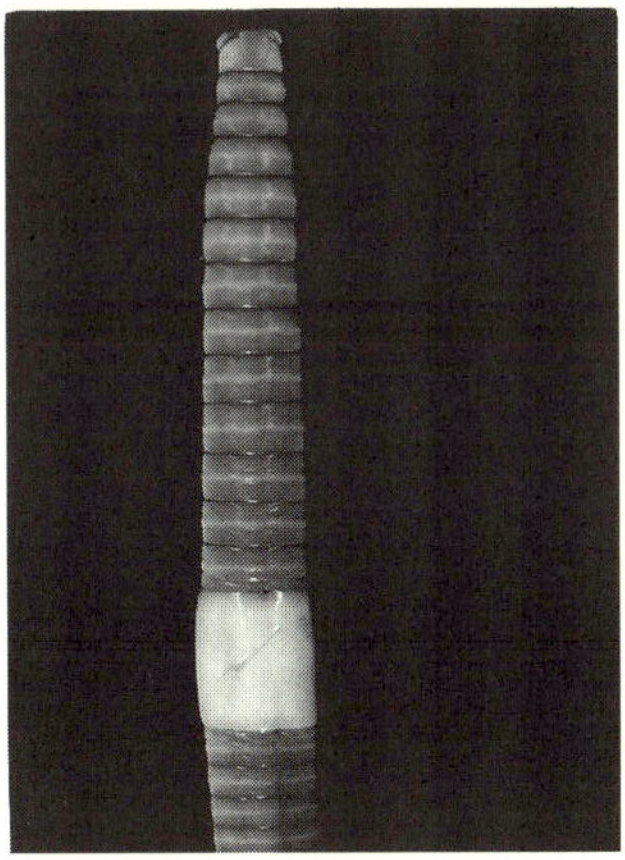

図６　環帯（白い部分）
フトスジミミズ
（写真：上平幸好）

ミミズのからだの前方の一部がふくれて、色も白くなることもご存じだろうか。首輪（頸輪(くびわ)）、鉢巻、たが（箍）、かせなどと呼ばれているところ、すなわち「環帯」である（図6）。いろんな呼ばれ方があるということは、魚釣りの餌などとして利用し、ミミズの特徴を知っていたということである。この環帯は成熟すると現れる。成体になった証拠である。梅雨前にはなかったのに、土用ころになるとはっきりするのも、この時期に成熟するということだ。この環帯の腹側に雌性孔(しせいこう)が開口し、その後ろの体節に一対の雄(ゆう)性孔が開口する。ミミズは雌雄同体ではあるが、これで他個体と交尾（交接）できる。

この環帯の位置がツリミミズ科では第22体節～35体節（あるいは26体節～32体節）の5～

8体節が脹れるが、背面上で脹れが大きい鞍状・サドル状であるのに、ジュズイミミズ科では第10～14体節（あるいは9～15体節）を占めるが、あまり肥厚せず不明瞭である。これに対し、フトミミズ科では第14～16体節が全周で脹れて環状になり、よりはっきりする。

ミミズは指輪のような体節がつながったものだといったが、普通にみるフトミミズ類では多くてその体節数は１２０くらいだが、ジュズイミミズ科のハッタミミズの体節数は原記載では何と平均で３１７とされているし、琵琶湖のものでは４３０あまりとしている。ハッタミミズ（Drawida）属のインド産の *D. nilamburensis* では体長75cmで体節数５６６、*D. naduvatamensis* では体長50cmで体節数４００だとしている。ハッタミミズ属の体節数の多いことがわかる。もう一つ、特徴がある。ハッタミミズでは、からだの先端、口から続く長い消化管にある砂嚢が6～9個もつながるということだ。フトミミズやツリミミズではこの砂嚢が一つなのだから、これも大きなちがいだ。ジュズイミミズというのも名のとおり砂嚢が数珠のようにつながる（数珠胃）ということだ。ハッタミミズの和名をハッタジュズイミミズとしていることもある。

ハッタミミズの発見・新種記載より先にジュズイミミズ属のものとして、日本からヤマトジュズイミミズ（*D. japonica*）というのがミハエルセン（Michaelsen, W. 1892）によって記載されている。原記載（正模式）標本はハンブルグ博物館にあるようだ。はじめ *Moniligaster japonicus* と命名されたのち、*D. japonica* と変更されたもので、体長4～8cm、体幅3～6mm、体節数も165～195と多い。はじめ日本のみの分布とされていたが、現在では中国、台湾、朝鮮半島、東南アジア、バハマ、インドなど世界各地に分布することがわかっている。汎（はん）世界種とされるものだが、逆に日本のものも移入種ではないかとも考えられているようだ。滋賀県でも比叡山や彦根で確認されている。

つい最近になって草津市田上山（たなかみやま）から県立琵琶湖博物館のブレークモアー（Blakemore, R.J）さんらによって、新種のエダジュズイミミズ（D. eda）というのが記載されたが、その分布域などはよくわかっていない。ともかく、ジュズイミミズの中でも、ハッタミミズは別格に大形で半水生という特異なものである。

この属にはこのハッタミミズやヤマトジュズイミミズを含め、これまでに日本では9種が記載されているが、ジュズイミミズ類を研究されている京都大学大学院人間・環境学研究科の山根美子さんによると、東北地方から沖縄八重山（やえやま）地方まで、この仲間は広く分布し、たくさんの未記載種があるという。

ともかく、背孔の有無、剛毛の配列、環帯の位置、体節数、砂嚢の多いことなどでジュズイミミズの仲間だと識別できるのだが、砂嚢などは固定標本にして解剖し実体顕微鏡で確認しないといけない。残念ながら、一般の方では生きたものを手にとっての判断はできないであろう。それだけに、どんなミミズがいるのか、何ミミズかといったことがわからないのである。

5．ミミズの生息密度

面積あたりどのくらいいるのか、どうやって調べるか

土の中にミミズがいることは確かなのだが、直接、それをみることはできない。森林、草地、果樹園、畑に面積当たりどのくらいの数（個体数）のミミズがいるのだろう、森林といってもブナ林とスギ林ではちがうだろうし、季節によっても当然ちがうだろう。ミミズが住んでいるのは地表近くなのか深いところなのかも知りたい。そのためには、土を掘って、ミミズをみつけないといけない。

ミミズは土壌動物の中でも大きなもの、普通のものでも15㎝はあるし、孵化直後の幼体でも1～2㎝はある。肉眼で十分に識別できるし、卵包（らんほう）も注意深くみておれば確認できる。ミミズ調査は普通、ビニール・シートの上に土を掘り上げ、それを崩しながらピンセットまたは手で直接採集するハンドソーティング法で行う。それもミミズが生息する深さまで、

もういないという深さまで掘り取らないといけない。土壌の深いところ、柔らかいところ、さらには冬などにはミミズはより深くまで潜っているので、時には70〜80㎝まで掘らないといけない。

実際やってもらわないとわかっていただけないだろうが、たいへんな力仕事である。それも小さな25㎝平方の調査枠（コードラート）では、掘っている間にミミズが逃げてしまう。50㎝平方、あるいは1m平方の大きな調査枠が適当である。それも表面的には均一にみえても土の中には根っこがあったり、石があったりで、個体数は大きくばらつくので、数ヵ所は掘ってみる必要がある。春の孵化時期などには小さな幼体が増えるので、季節的な調査をしておくことも大切だ。一つの調査枠の土を掘り上げるのに数時間、半日かかることもある。平地よりも少し傾斜のあるところの方が掘りやすい。ともかく、ミミズ調査のため、土を掘り返した面積は私が一番だろう。

ミミズの生息個体数が多いのは、牧草地、草地、あるいは草で覆われた果樹園などで、森林は一般にこれらにくらべ少ない。もちろん、草地性のミミズと森林性のミミズでは種類がちがう。私自身、いろんなところでミミズ調査をしてきた。クソミミズによる糞粒排出量（土壌耕耘量）を調べた京都の草地では1㎡あたり4〜25個体、平均12・9個体で、重さにして4・2gであった。もっとも大きな値は和歌山県白浜町のアメリカ産のマツ、スラッシュマツ林で調査したときで44～124個体、その重さは120・8～159・2gもあった。斜面上部の乾燥したところであったが、大きなシーボルトミミズがいくつもでてきたのである。

日本でこれまでに報告された中で、もっとも大きな値は牧草地改良計画で調査された北海道雄武（おうむ）町の牧草地で、1㎡あたりムラサキツリミミズが1247個体、60・2g、サクラミミズ9個体、3・2g、合計1256個体、63・4gである。同様に、北海道標茶（しべちゃ）町の牧草地で921個体、浜頓別（はまとんべつ）町で774個体という値が示されている。びっくりするミミズの数であるが、ムラサキツリミミズはツリミミズ科の小さなミミズで、関西に多いフトミミズのような大きなものではない。

外国でも大きな値はほとんどが牧草地で、ニュージーランドでは1㎡あたり個体数690～2020、重さ305g、オーストラリアで450～625個体、62～78g、フランスで288個体、125gといった値が報告されている。ともかく、目に見えない土の中にたくさんのミミズがいることはわかっていただけよう。

牧草地にミミズが多いこと、たくさんの調査がされていることはわかったが、なぜ、調査されているかその理由はおわかりだろうか。ニュージーランドやオーストラリアは畜産国だ。大きな牧草地があり、また牛舎でたくさんのウシを飼っている。それだけたくさん飼料としての牧草がいる。牧草の生育が良ければ、収量が多ければ多いほど、たくさんの家畜が飼えるということである。調べてみると、牧草収量の大きいところほど、ミミズがたくさんいることが確かめられた。それなら、牧草収量の少ないところ、ミミズの少ないところへミミズを導入したらいいと誰でも考えよう。といっても、ミミズが少ないということはミミズにとって住みにくいということだ。

オーストラリアでは世界中からミミズを集めてきて、どれが適応するか導入試験をし、ミミズの入ったブロックをミミズの少ないところにあけた同じ大きさの穴に入れてミミズが周辺に広がり、牧草収量が増えるよう努力をしている。日本がオーストラリアからたくさん輸入しているオージー・ビーフも元をたどればミミズのおかげといってもいいのかも知れない。北海道の雄武で日本で一番ミミズの多い記録がでているといったが、これも北海道での畜産振興のためニュージーランドやオーストラリアから招いた専門家のアドバイスにミミズ調査が重要との指摘があったからである。

ミミズ調査にもっと楽な方法はないか

力仕事に換えてもっと簡単にミミズの生息数を調べる方法はないだろうか。もちろん、これまでにいくつかの方法が試されている。直接採集する方法でも土にホースで水をかけて洗い流し網にかかったミミズを捕るといった試みもある。確かに人の手は借りないが、水をかけるために給水・消火ポンプがいるし、近くに水のあるところに限られる。網の目が細かいと土が流れないし、大きいとミミズも抜けてしまう。土自体を薬品、たとえば硫酸マグネシウムや塩化マグネシウムなどの液に浸けミミズだけを浮遊させる方法もある。しかし、大量の土が入る容器・設備がいるし、その土を実験室にもって帰るのもたいへんだ。

土に電気を通すとミミズがでてくるともいう。甲子園球場で電流を通したら、たくさんのミミズがでてきたという記録がある。ゴルフ場などではグリーンにミミズがいて糞塊をだしゴルフボールを汚すのでミミズは嫌われている。殺虫剤を撒いて退治しているらしいが、こんなところでは電流を通す方法も使えるかもしれない。しかし、どのくらいの電流を通すかといったことは確かめられていないし、感電の危険性もあるので実用的ではないだろう。

唯一、実際に使えそうなのが過マンガン酸カリ液やフォルマリン液などの薬剤を地表に撒いてとび出してくるミミズを採集する方法である。これなら大きな労力はいらない。実際、ヨーロッパでのミミズ調査ではこの方法がよく使われている。しかし、これらの薬品は一般の人には使えないし、土壌中に残れば人体にも環境にも影響を残す。私自身はこんな理由のあることから、この方法を試したことはない。ところが最近になって手近にあるおでんに使うマスタード（洋辛子）で同様の効果があることを知った。この希釈液を散布するとおもしろいようにミミズがとび出てくる。危険な薬剤ではないし、環境への影響も少ないようである。

しかし、この方法にもいくつか問題がある。マスタードを撒布して、すべてのミミズがでてきたかどうかの検証である。深いところにいるミミズは簡単にはでてこないのではないかという疑問である。液が濃すぎると死んで出てこないかも知れないし、薄いと効果がないかも知れない。実際、たくさんのミミズがでてきた次の日の朝、行ってみるとそのあとでも何匹かでてきて死んでいるのを見た。土を掘らなくてもいい、簡単にできる調査法かも知れないといったものの、その採集効率、すなわち全部でているかどうかを確かめないといけない。地表にでてきたものを採集したあと、もう一度、土を掘って、残っていないことを確かめないといけない。

このマスタード法は、生息密度（個体数）調査には採集効率を確かめないといけないなど問題は残っているが、そこにどんなミミズがいるかといった種類調査には十分利用できる。とはいえ、実際に使ってみると、とびだしてきたミミズのからだが切れたり粘液が出たりしていたいたしいときがある。マスタードに対する反応である。でてきたら、すぐに真水に入れ洗ってやらないといけない。

簡単に採集できる方法が考えだされるといいが、今のところ、直接、土を掘り、自分の手で採集するハンドソーティング法が時間と労力がかかるがもっとも信頼がおける方法である。汗をかきながらではあるが、どんなミミズがでてくるのか、どのくらいいるのか、卵包や小さなミミズの出現で産卵期・孵化期を知り、季節によっての生息する深さのちがい、そして一緒にでてくる他の動物とのかかわりなどを確かめながらの仕事は楽しい。簡便な採集法が工夫され、数だけわかっても、調査でのこんな楽しさは味わえないだろう。

6. ミミズの一斉大量死

ミミズの話で必ず聞かれる話題が、ミミズが道路や広場などで大量に死んでいる一斉大量死のことである（図7）。ミミズの住んでいるはずのないアスファルトやコンクリートの道路の上でも死んでいる。よくだされる質問だが、それだけみんなが知っているということはきわめて珍しい現象でなく身近なところでかなり頻繁に起っているということだろう。

これにはいろんな説がだされているが、なるほどと納得できるものがない。たとえば、

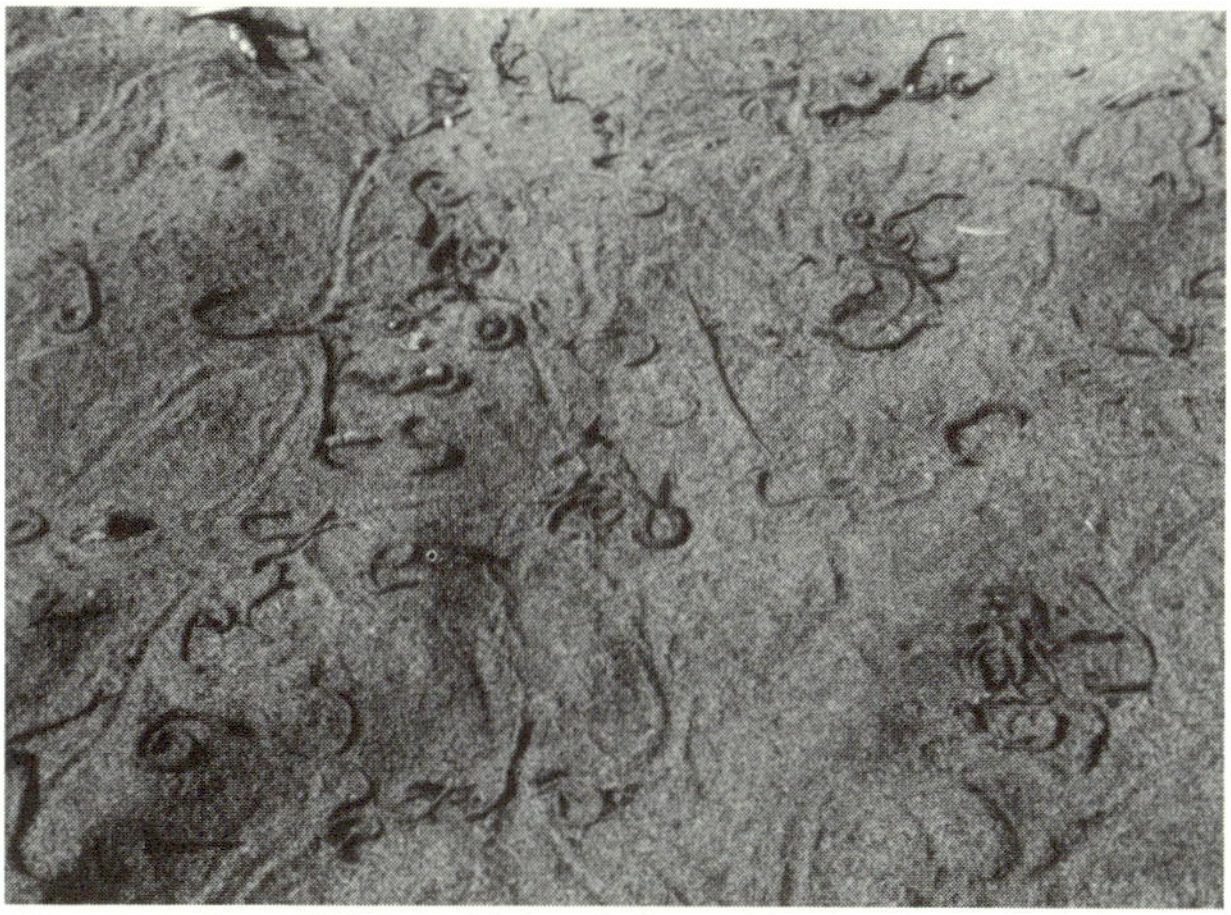

図７　ミミズの一斉大量死（京都・久美浜海岸）

振動説だ、モグラがやってくる振動で地上へ逃げてでてくるとか、地震の発生前にそれを予知するといったことだ。チャールス・ダーウィンもドーンという空砲の振動でミミズがでてきたとか、タゲリ（チドリ科の野鳥）が足で地面を叩いてでてくるミミズを食べるといった話を述べている。振動に対する反応は確かにある。しかし、モグラのいないような都市の小さな児童公園でもミミズの一斉死は起っている。確実に地震を予知してくれればありがたいが、地震によってでてきたのでは、予知には役立たない。地震の前兆調査で地震発生前にミミズがでていたといった証言はあるらしいが、ミミズが大量に死んだ後でかならずしも大きな地震が発生しているとも限らない。阪神・淡路大震災や東日本大震災はミミズの大量死の少ない冬のことであった。

このミミズの一斉大量死については、大雨が降り地中の酸素が失われ、二酸化炭素の増加によりミミズは地表に出て有害な紫外線を浴び死んでしまうとされている。しかし、ミミズの標本作りのためミミズをバットやビーカーの水の中に入れておいて、何時間でも動いている。土の中が水びたしでも溺れる気配はない。

この大量死は猛暑の雨のない時期にも起っている。地上が乾燥するのだから、地中深くへ潜ればいいのに、なぜ外にでてくるのだろう。こんな現象は外国でも確認されており、ダーウィンはこれらのミミズは病気にかかっており地面が水浸しになることによって死が早められたのだとしている。このほかにも満月の日など月齢、あるいは気圧の変化など、いろんな説がだされている。

しかし、日本ではこのミミズの一斉大量死は夏の土用によく起るとされている。実際、暑い夏に多いようだ。一年に一度の現象なら、その生活史との関係を探らないといけない。気になるのが夏の土用に死ぬということだ。フトミミズの多くは1年生で、春に孵化し夏に交尾（交接）産卵し、冬は卵で越す。秋以降、急にミミズがいなくなるのも、深く潜ったからでなく、もうミミズがいないからである。私が気になるといったのは産卵期との関連だ。交尾（交接）には雌雄同体のミミズでも相手がいる。その季節は夏である。土の中にいて、どうやって相手と遭遇するのだろう。土の中をやみくもに進んでもわずかの距離ですれ違いになってしまうかも知れない。それもより深いところにいる深層性といわれるミミズやきわめて数の少ないミミズでは遭遇できるかどうかは子孫を残せるかどうか、種の保存にもかかわる。

私には相手との遭遇には地上にでてくる方がずっと有利だと思える。実際、梅雨時期、夜に芝生や草地を懐中電灯をもって調べたらいい、きっと、たくさんのミミズがでてきている。干上がった水たまり、わずかに水の残った水たまりにミミズの這ったあとが何本も残っている。夜に活動している歴然とした証拠である。そこまではいいのだが、産卵は交尾後すぐではないにしろ、土の中でのことである。産卵後、地中のトンネルの中で死ねば人の目にふれることはないし、夜でてきたあとも、朝までに土の中に戻ればいい。数分もあれば潜れるはずだ。それがなぜか戻らないで地表で大量に死んでいる。夏の土用のことだから、交尾と関係すると思っているのだが、秋や冬にも小規模だが一斉死が報告されている。やはりうまくは説明できない。

その解明にはもっとたくさんの観察がいる。ある地点での一年を通しての気象観測（温度・雨量・月齢など）とそこでのミミズの死亡個体数、その種類を調べることである。「たくさん死んでいましたよ」という報告はあるが、その前の気象条件も一緒に報告してくれる人は少ない。死んでいるミミズにはヒトツモンミミズ、フトスジミミズなど浅層性のもの、イイズカミミズ、ノラクラミミズなど深層性のミミズもいたが、すべてのミミズなのか特定のミミズだけの習性なのか、種類を確かめないといけない。ともかく、まだみんなを納得させる説明はできていない。

なお、ハッタミミズでは今のところこの一斉大量死現象は確認されていない。

第2章 日本一長いハッタミミズ

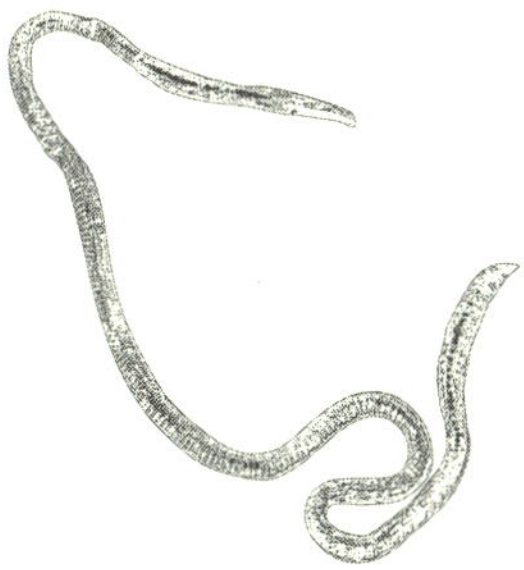

1. ハッタミミズの発見

ハッタミミズ（ハッタジュズイミミズ）は東北帝国大学理学部教授だった畑井新喜司により、1930年（昭和5）、東北帝国大学理科報告（生物学）（Science Reports of Tohoku Imperial University. Biology）15巻3号に英文で、「On Drawida hattamimizu sp. nov.」（新種ハッタミミズについて）として発表・新種記載された。このミミズの発見の経緯については、この論文の中で、さらには、『石川県天然記念物調査報告』（第七輯八田蚯蚓）に、また畑井新喜司『みみず』（1931）の中に詳しく述べられている。

石川県能登半島の付け根にある河北潟周辺でウナギ釣りの餌として使っていた細長いミミズを、地元八田村（現金沢市八田町）小学校の森鉄次郎校長が当時、県の依頼で天然記念物調査をしていた金沢第三中学校の安田作治教諭に連絡、その標本が第四高等学校の市村塘教授に、それが東京帝国大学理学部の五島清太郎教授に、そしてさらにミミズ研究者の畑井新喜司教授に渡って、ジュズイミミズ科ジュズイミミズ（*Drawida*）属の新種、ハッタミミズ（*Drawida hattamimizu*）として記載されたものである。新種として記載するため、このミミズの外部形態・内部形態をくわしく観察し、その特徴を記載している（図8）。

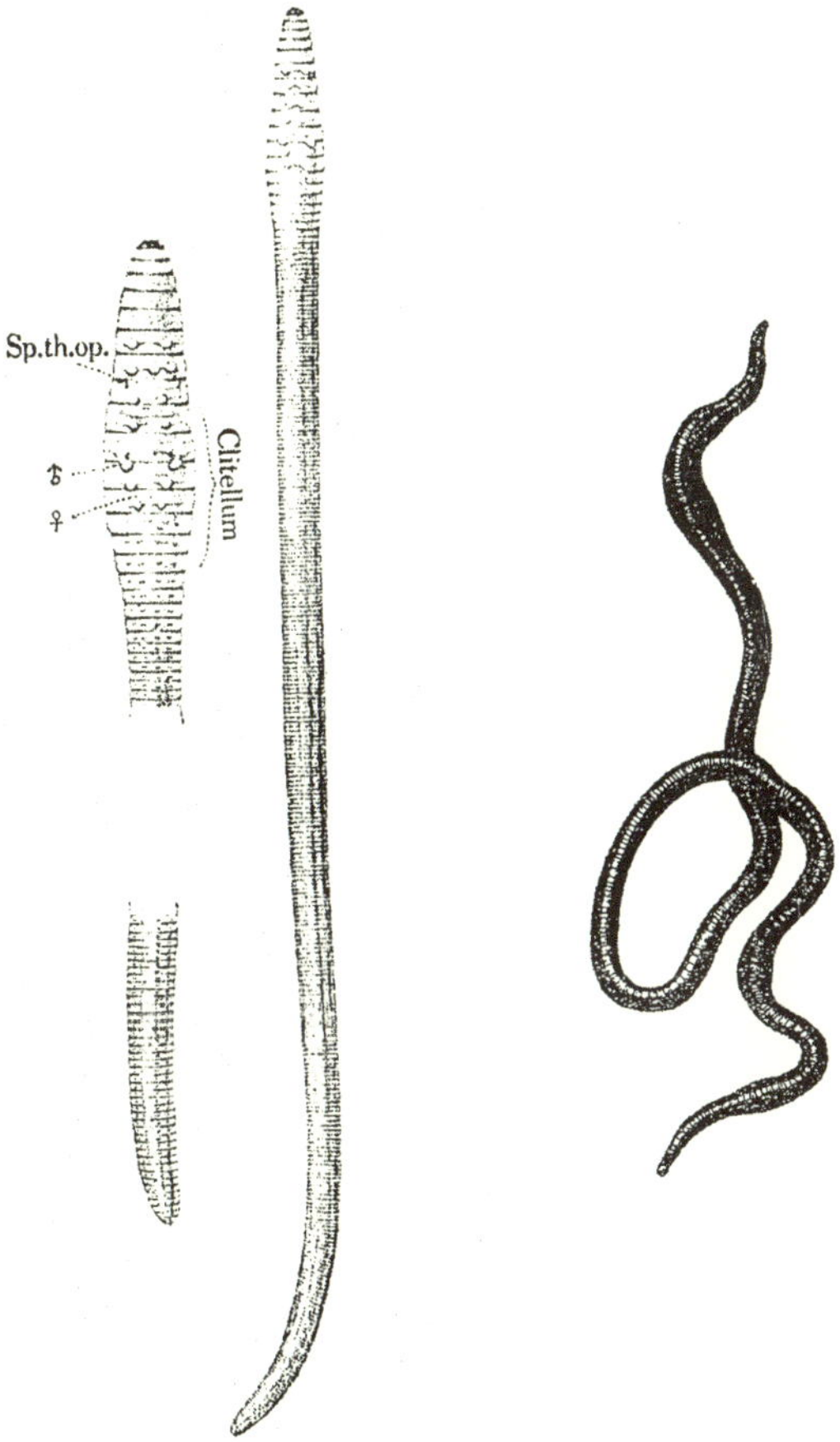

図８　畑井の記載したハッタミミズ

学名の種小名には普通は形態の特徴や産地、あるいは採集者名が使われることが多いのだが、和名のハッタミミズが採用されているのも珍しい。種小名を *Hattamimizu* としたのは、ここでハッタミミズと呼んでいるからとしている。新種記載にはこの標本だけではなく、畑井教授自身、助手の荒谷さんと現地を訪れ、記載に十分な標本を採集したと述べている。原記載ではハッタミミズの体色は青黒、体長は24・6㎝、体幅9・5㎜、体節数は何と317とされている。

しかし、このタイプ（模式）標本は戦時中に行方不明になっている。どこに保存されたかの記載がないのだが、仙台にあり研究の財政的支援を受けていた斉藤報恩会博物館であった可能性が高い。琵琶湖博物館のブレークモアー（Blakemore, R.K.〈2010〉）さんらは金沢市八田や琵琶湖周辺彦根・米原産の個体でハッタミミズを再記載している（Zookeys. 41, 1-29, 2010）（図9）。新しいタイプ（正模式）標本は琵琶湖博物館に保存したとしている。

ジュズイミミズ（*Drawida*）属のミミズの分布はインド、スリランカ、東南アジア、中国、台湾、朝鮮半島、日本など、熱帯から温帯地域を中心に分布し、太平洋諸島、オーストラリア、南アメリカ、カリブ諸島などにも移入しているとされる。

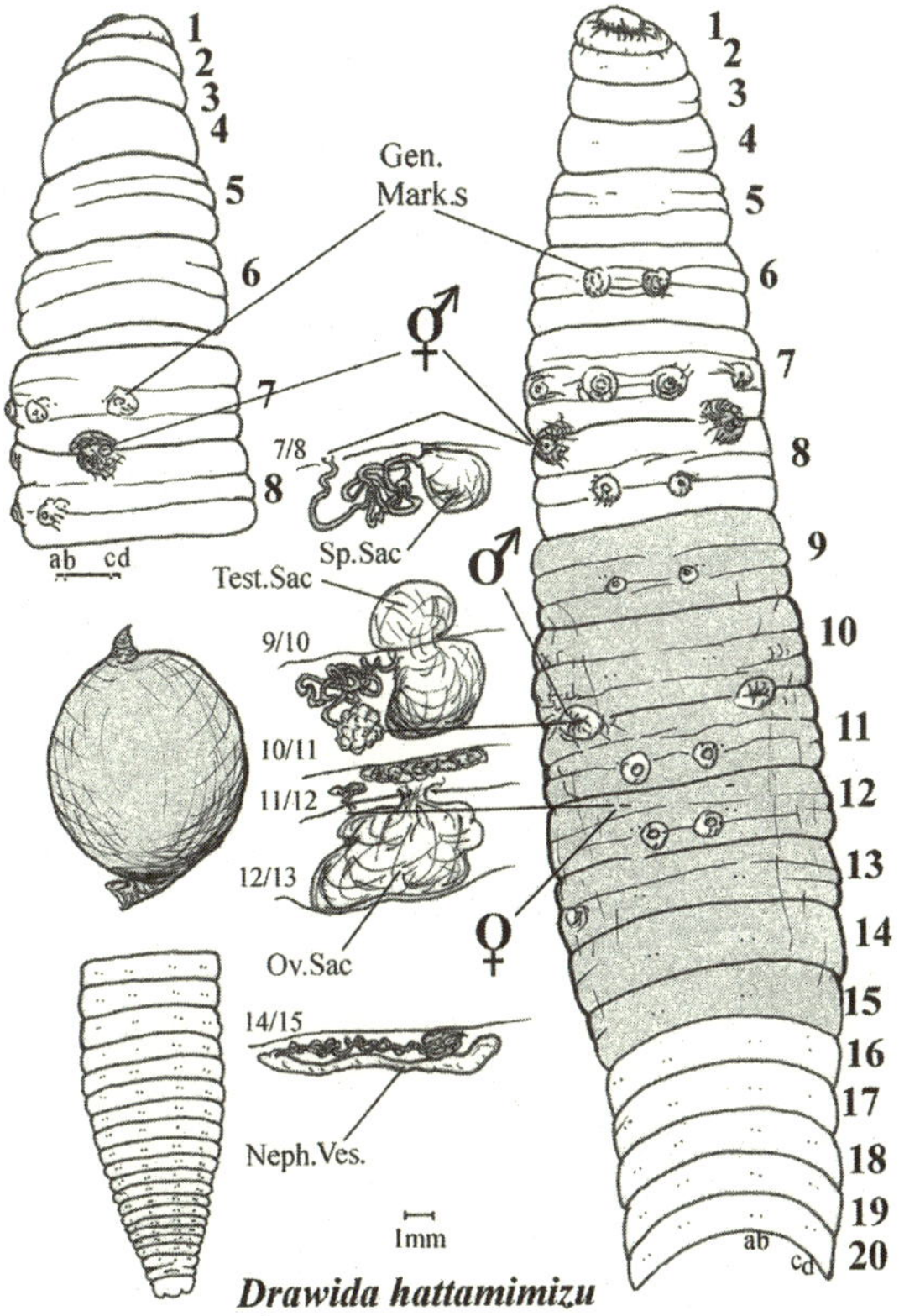

図９　Blakemore が再記載したハッタミミズ

畑井新喜司

ハッタミミズを新種として記載した畑井新喜司（図10）は1876年（明治9）青森県東津軽郡小湊村（現平内町）に生まれ、東北学院（仙台）専門部理科を卒業後1899年に渡米、シカゴ大学で学び、1903年（明治36）博士号を取得、ここで比較神経学の助手となる。のちにウィスター研究所助教授となり、1919年（大正8）に帰国、1921年東北帝国大学理学部教授となった。

現在でも実験に使われる白ネズミ（ラット・マウス）の研究を進め、1924年（大正13）には東北大学浅虫臨海実験所を創設し、1934年には当時委任統治領とされたパラオに熱帯生物学研究所を創設、初代所長に就任して、主に珊瑚礁の研究を進めた。

海洋生物、マウス・ラット、珊瑚礁など、興味を示した範囲は広いが、ミミズについてもこのハッタミミズの記載以前の1898年（明治31）に、フツウミミズ、ヒナフトミミズ、ノラクラミミズなどのフトミミズ類の新種記載を日本人としてはじめて行い、多くのミミズ研究者を育て、戦前は東北帝国大学理学部の畑井研究室が日本のミミズ研究の拠点

図10　畑井新喜司
（提供：東北大学大学院理学研究科）

であった。しかし、戦時中の混乱による標本の散逸などで、ここでのミミズ研究は大きく停滞してしまった。1925年（大正14）「白鼠に関する研究」で帝国学士院賞を受賞され、戦後、東京家政大学学長を務められ、1963年87歳で亡くなっている。

畑井新喜司については蝦名賢造『日本近代生物学のパイオニア　畑井新喜司の生涯』（西田書店、1995）にくわしい。

2. 世界最大・日本最大のミミズ

伝説上の大ミミズ、世界最大、日本最大のミミズについても紹介しておこう。伝説上の巨大ミミズはイギリスの科学誌『ネイチャー（Nature）』（1878年2月21日号）に掲載された南アメリカのミンホカオ（Minhocao）で、何とその長さは50ヤード（45・7m）、太さは5ヤード（4・57m）だったという。倒れた大木としかいいようのない大きさだ。といっても、これが通った跡の大きな溝からの話らしいが、これが通ったときには遠くで雷のような音に加え、地響きがしたというのだから驚きだ。

東洋でも朝鮮の史書『東国通鑑（とうごくつがん）』に太祖（たいそ）8年（925）に高麗（こうらい）の宮城前に現れたミミズは長さ70尺（21m）だったという。これにくらべれば日本のものはだいぶ小さくなるが、寺（てら）

島良安『和漢三才図会　第五四湿生類』（正徳2年、1712）（図4）に丹波国柏原の遠坂村で暴風雨のあとで大きなミミズが出てきた。大きなものが一丈五尺（4・5m）、小さなものが九尺五寸（2・9m）であったという。

　現生するミミズでは、『ギネスブック』によれば、世界一長いミミズは南アフリカ共和国にいるヒモミミズ科のミクロカエトゥス・ラピ（*Microchaetus rappi*）で1937年トランスバール州で捕獲されたものは長さ6・7m、太さ2cm、1967年ケープ州東部で見つかったものは長さ6・4m、標本にして3・4mであったとしている。本種を長さ7m、太さ7・5cm、重さ30kgと紹介したものがあるが、これでは綱引きの綱より太いことになる。実際には太さ2cm程度の細いミミズらしく、汽水域に生息するものだともいう。

　このほか、オーストラリアにいるフトミミズ科のメガスコリデス・オウストラリス（*Megascolides australis*）が長さ3・7m、太さ2・5cm、あるいは長さ1・4m、太さ2cm、重さ400～500gとされ、メルボルンにある世界唯一のミミズ博物館には長さ5・9mのものの写真が展示されているという。南アメリカのヒモミミズ科のグロソスコレックス・ギガンテウス（*Glossoscolex giganteus*）も2mになるという。

　東南アジア最大のメコン河の中流、タイとラオスの国境付近の河の中にいるメコンオオフトミミズ（*Promegascolex mekongianus* = *Amynthas mekongianus*）は細いがこれも長さが3mに

図 11　メコンオオフトミミズ

図 12　メコン河付近の地図

なるものがいる（図11）。河辺の泥の中や水中にいて、体節数も多く、よく伸びることからハッタミミズと同じジュズイミミズ科のものかと思ったのだが、これはまちがいなくフトミミズ科のものだという。

メコン河畔のタイのノンカイまで2回調べに行ったのだが、自分では見つけられなかった。その後、コンケン大学農学部のサワエン教授から生息する場所を教えてもらったので、次に行けば確実に捕れる。インドネシア、スマトラ島にもジュズイミミズ科のハスティロガスター・ホウテニイ（*Hastirogaster houtenii*）という1・5mに達するものがいる。

3. 日本一長いミミズはハッタミミズ

ハッタミミズの特徴はぶら下げるとずんずん伸びることだ（図13）。フトミミズ類も伸び縮みしながら動くが、ぶら下げてもハッタミミズほどには伸びない。ハッタミミズを田んぼの畔から引っ張り出す時も、いつまでもがんばっていて抜けない。河北潟で昔は1～1・5mにもなる大きなものがいたと聞いた。少し大げさに言っているのではと思っているが、たぶん、こんな状態からの印象であろう。畑井新喜司『みみず』の中でも伸びたとき3尺くらいのものがあるとしている。

図13　長さではやはり一番だ

しかし、正式には標本での大きさによる。原記載では体長24・６㎝である。それほど長いミミズではない。実際、60cm以上あったハッタミミズをフォルマリン液浸標本にすると30cm程度になった。

2013~2014年、琵琶湖博物館では一般への啓蒙のため「湖国ハッタミミズ・ダービー」としてハッタミミズの大きさコンテストを実施した。証拠として、メジャーといっしょに伸びたハッタミミズの写真を募集したものだ。あとでくわしく述べるが、甲賀市水口町での92cmというのが最大だったが、それでも体重は20g程度である。体重はともかく、長さならやはりハッタミミズが日本一だろう。

日本では金属光沢を帯びた青あるいは瑠璃(るり)色のシーボルトミミズ（*Pheretima sieboldi*＝*Metaphire sieboldi* 図15）が長さ30cm、太さ1・5cm、重さは私が計った最大のもので45gもあった。高知ではこのシーボルトミミズに67gもの大きなものがいたとも聞いている。江戸時代末、長崎出島商館つき医師として滞在していたシーボルト（Philip Franz von Siebold 図14）がオランダに持ち帰ったミミズ標本で新種記載されたものだ。原記載では長さ27cm、太さ3cm（周囲）、体節数135とされている。ハッタミミズの体重が最大20g

図14 フィリップ・フランツ・シーボルト

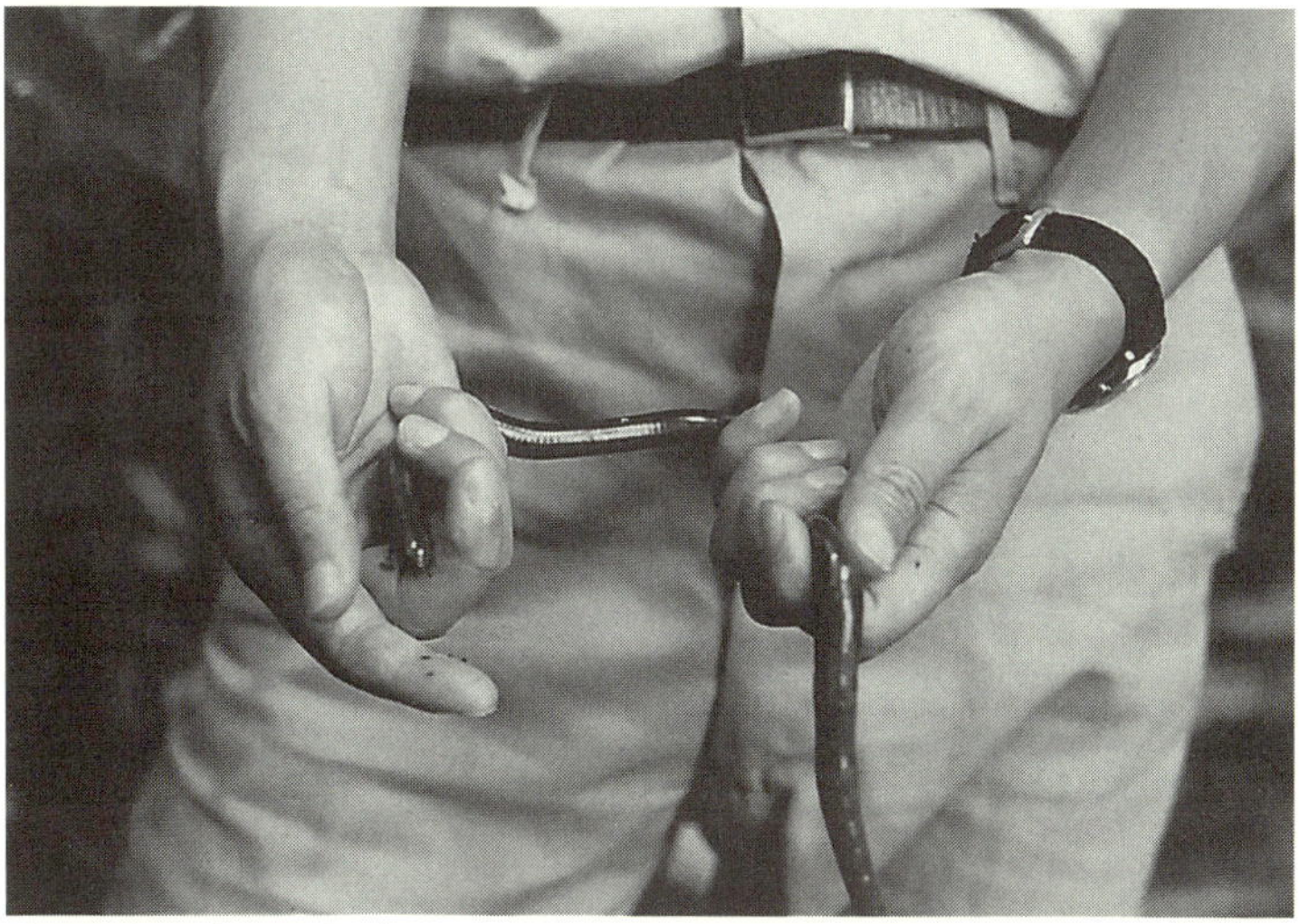

図 15　シーボルトミミズ

図 16　シマフトミミズ

程度とされるから、ずっと大きなものだ。

四国ではカンタロウ（ガンタロウ）、紀伊半島ではカブラッチョ、カブラタ、カブラタイ、カブラチャン、ゴンタミミズ、パチッ、カミナリミミズなどとたくさんの呼び名をもっている。九州や山口県ではヤマミミズとかヤマヘビとか呼んでいるようだ。どこでもウナギ釣り、ズガニ（モクズガニ）捕りの餌として使っていたものだが、暖地性のミミズとされ、北限は岐阜・愛知県境付近といわれていた。

最近になって岐阜県本巣市根尾松田、山梨県南巨摩郡身延町でも捕獲されているので、伊豆や房総半島などでもあるいは発見されるかも知れない。実際、青い大きなミミズがいたとの情報がある。しかし、南の屋久島、奄美大島、沖縄にはどうも分布しないようだ。

滋賀県でも最近になって米原市上丹生、東近江市萱尾町、甲賀市土山町・信楽町、大津市葛川・上田上などで確認されているが、珍しいものだ。『滋賀県で大切にすべき野生生物　２０１０』では要注意種とされている。

このシーボルトミミズよりさらに大きなミミズが最近見つかっている。一つが奈良県吉野郡十津川村と同郡大塔村（現五條市大塔）の濃いピンクあるいは赤褐色のシマフトミミズ（*Pheretima shimaensis*　図16）とされるもので、標本で長さ44・5㎝、重さ59ｇもあった。ここにはもう1種、別の大ものがいる。もう一つは日本の最西端の沖縄・与那国島で南谷幸雄さんが捕獲したもので、標本で長さ49・８㎝、重さ72・８gのものだ。新種にまちがないのだが、まだ名前はつけられていない。これはシーボルトミミズやシマフトミミズよりさらに大きかった。大きさではこれが目下のところ日本最大であろう。

ともかく、まだ名前のついていないミミズがたくさんいるし、もっと大きなミミズがいたといった話は私自身でもいくつも聞いている。奈良県吉野郡西吉野村（現西吉野町）の永谷というところに「一尋（両手を広げた長さ）」のミミズがいた、高知県四万十川の上流北山川に長さ３ｍのミミズがいたといったことだ。埼玉県大里郡寄居町では長さ１・７ｍ、太さ２㎝のものがいて40㎝も跳び上がったという。どうみても太さからミミズでなくヘビだが、まちがいなくミミズだったという。いずれもそれを見た本人から聞いた話である。

「何で捕まえてくれなかったんですか」というと、「そんな気持ちの悪いことできるはずがないでしょう」といわれている。ともかく、どの話にも現物、証拠がない。ぜひ捕まえて、証拠をみせてほしいものだ。日本の大ミミズ伝説も本当だったと、世界の大ミミズの仲間入りをさせてやりたい。

４．河北潟周辺のハッタミミズ

河北潟

河北潟は第４紀完新世の縄文海進によって生じた内湾と、海流と季節風がもたらす沖積作用で形成された内灘(うちなだ)砂丘の伸長によってできた海跡湖(かいせきこ)で、その成立は１０００年ほど前とされる比較的新しい湖沼である。もともとは東西４㎞、南北８㎞の汽水湖で全国で20番目に大きな湖沼であったが、古くから開拓が続けられ１９６９年（昭和44）に河北潟と大野川との間に防潮水門が完成し、現在は淡水湖となり、大きな干拓地が造成され、一部には牧場までつくられている（図17、18）。

北国新聞社編集局（編）『のと・かが　野生の四季』（１９７３）ではハッタミミズの分布地を河北潟周辺の金沢市八田、才田(さいだ)、大場(おおば)、鳴和(なるわ)、小坂(こさか)村高柳と乙丸(おとまる)の間としている。最近、改訂版が発行された『いしかわレッドデータブック　動物編』（２００９）では１９３０年（昭和５）頃はその分布は八田、才田、南森本を中心にＪＲ北陸線に沿って津幡(つばた)駅付近から鳴和付近まで及んでいたとしている。八田村に限定されるものでなく、河北潟周辺に

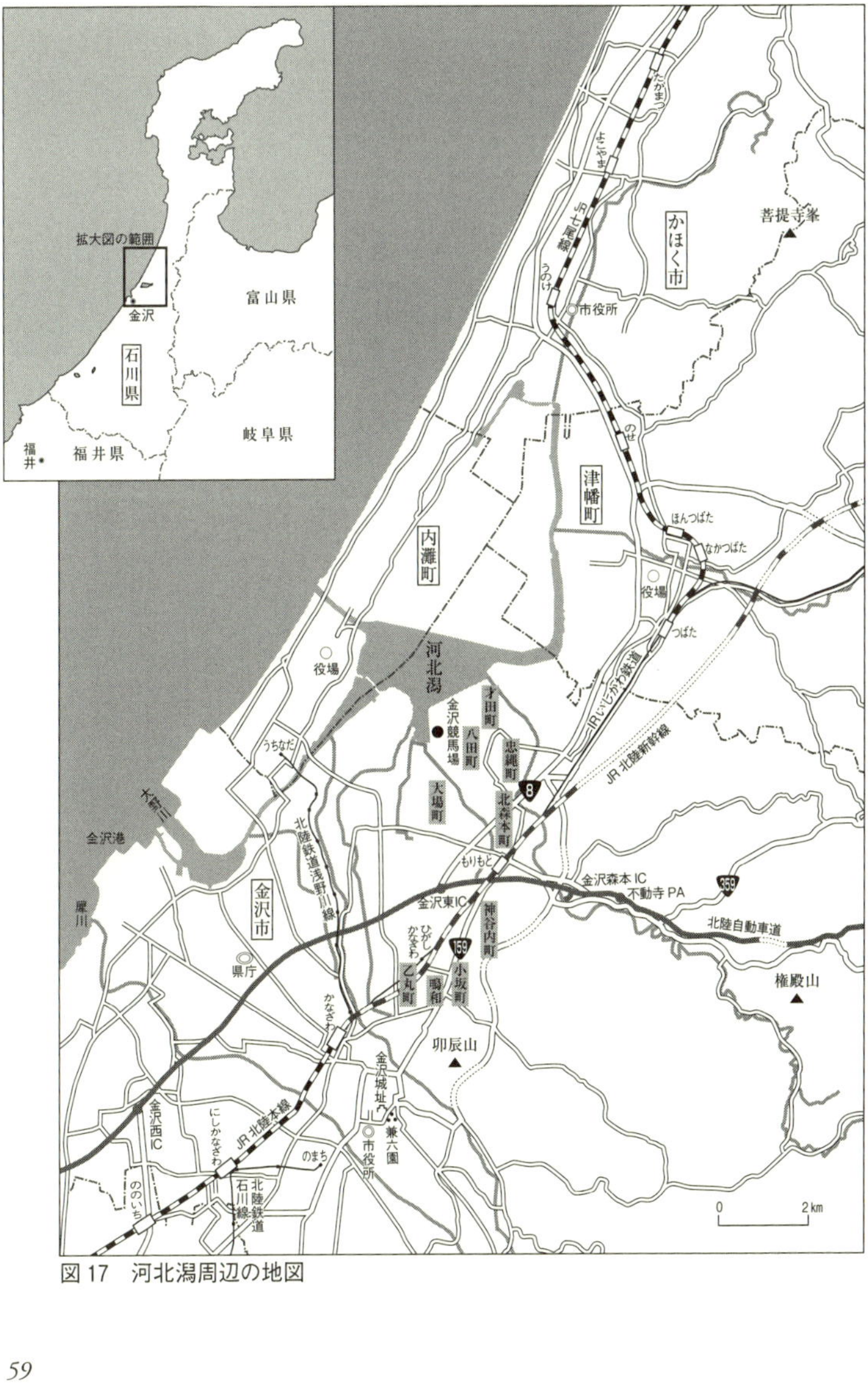

図 17　河北潟周辺の地図

図18　河北潟　内灘町役場から（写真：出島大）

もう少し広く分布していたことは確からしい。

八田の名をもち、分布域は河北潟の周辺のみと考えられ、市村塘・安田作次郎『石川県天然記念物調査報告』（1931）にも八田のほか、森本、小坂、乙丸、神谷内などに分布と記載があるので、当然、石川県では天然記念物に指定されているものと思ったのだが、現在でも天然記念物には指定されていない。これには本種が外来・移入種とも考えられたことによる躊躇があったようだ。

定塚謙二（1971）は「石川県の生物　八田みみず」の中で、「約15年前までは洗面器一杯採集するのに、さほど時間はかからなかったが、昨年秋（1970）、10人あまりの学生と採集に行って驚いた。2時間かかってやっと実習材料がとれた。農薬のせいだろうか」と述べている。もちろん、場所にもよったのだろうが、毎年採集に行った地点で捕れなくなったとしている。このことが気になって、1977年（昭和52）7月、私自身、はじめて、八田村へ行ってみた。八田農協で尋ねると、すぐ裏の田んぼで「クロミミズだ」といってすぐにハッタミミズを見つけてくれた。ハッタミミズだけでなくクロミミズといった呼び方もあったのだろう。畔はまだ土で、水路にはフナ、ドジョウ、アメリカザリガニが水草の中に隠れるのどかな田園風景があったが、競馬場への4車線の道路が開設され、新しい住宅地が広がっているのが見えた。

2002年（平成14）8月のこと、ミミズ研究談話会主催のミミズ分類公開実習を金沢大学理学部で開催した後、参加者でハッタミミズを調査したことがある。八田のハス（レンコン・蓮根）田周辺などにはたくさんのハッタミミズがいて参加者を喜ばせてくれた。ここでは現在でもウナギ釣りの餌として使っているが、実際にはハッタミミズは八田村よりも北森本村、忠縄（ただなわ）村の方が密度は高かったと聞いた。2010年（平成22）7月、河北潟周辺を再調査し、南側の八田、森本地区だけでなく、東側の津幡町、北側のかほく市でも確認できたが、西側の内灘町および河北潟干拓地内では確認できなかった。『河北潟レッドデータブック』（河北潟湖沼研究所編2013）でも河北潟の東部・北部の津幡町、かほく市南部に生息としている。現在でも河北潟周辺にかなり広く分布していることは確からしい。

ミミズ研究談話会のことも紹介させていただこう。ミミズ研究談話会はミミズ研究の推進、ミミズに関する情報交換のため1998年（平成10）に設立され、会誌『ミミズ情報通信』の発行（現在41号）、ミミズ・サマースクールとしてミミズの採集法、標本作成法、解剖・同定実習など、一般公開のミミズ実習を全国各地でこれまでに12回開催し、ミミズファンを増やしている。現在会員は約70名、会費は無料、会誌はＰＤＦファイルで送られてくる。

事務局は横浜国立大学環境情報研究院土壌生態学（金子）研究室、南谷幸雄である。気楽な会である。入会を歓迎し、『ミミズ情報通信』への情報提供をお願いしたい。

八田ミミズを知ってるかい？

歌詞に「ミミズ」が入っている歌で最もよく知られているのは、作詞：やなせたかし、作曲：いずみたくの「手のひらを太陽に」だろう。「ミミズだってオケラだって、みんなみんな友達だ」とある。もう一つは戦後、ラジオから聞こえてきた福助足袋のコマーシャルソング、作詞：サトーハチロー、作曲：三木鶏郎（とりろう）の「どなたになにを」だろう。「夕べミミズの鳴き声聞いた、あれケラだよオケラだよ」とあったが、若い人はもうこの歌は知らないようだ。

石川県には「八田ミミズを知ってるかい?」という歌がある。北陸放送（石川県を放送対象地域としたテレビとＡＭラジオの放送局。略称ＭＲＯ）の「みんなでつくろう　ふるさと歌アニメ」で選定されたもので、石川県限定でこのＤＶＤがコンビニで売られている。ハッタミミズの歌なので、紹介しておこう。

「八田ミミズを知ってるかい?」

作詞：北　総一郎
歌：ＲＩＮＡ

八田ミミズを知っているかい
日本一長いミミズだよ
ジャポニカハッタと名付けられ
居るのは琵琶湖と河北潟
昔外国貿易で銭屋五兵衛について来た
田んぼの水がきれいだと
いっぱいいいっぱい増えるよ育つよ
ミミズは土の掃除役

元気な大地を育てるよ
みんなで自然を守ってこう
八田ミミズは日本一

学名は実際にはジャポニカ・ハッタではないが、銭屋五兵衛がもってきたとの伝説が歌の中に入っている。この歌があることでも、滋賀県より、石川県の方がハッタミミズのことをよく知っているようだ。

5. たくさんの伝説と銭屋五兵衛

これから述べるように、このハッタミミズはその後、滋賀県の琵琶湖と余呉湖、福井県の三方五湖でも発見されるのだが、それでも現在のところ、分布域は限られている。石川県あるいは金沢市、また滋賀県でも天然記念物としての指定が考えられてよかったのに、現在まで、どこにも登録・指定の動きはなかった。これはハッタミミズの命名者の畑井新喜司教授が本種を外来・移入種かも知れないと考えたことによろう。日本で初めて河北潟八田でみつかり分布も限られたにしろ、それが外来種だったとあっては非難を受けることにもなったであろう。その躊躇があったのだと思う。

畑井新喜司は1930年（昭和5）ハッタミミズを新種として発表し、その翌年1931年に『みみず』を著すが、その中で、ハッタミミズについて、(1)ハッタミミズが属するジュズイミミズ科で知られているすべての種は熱帯地域に分布する、(2)ハッタミミズは日本では石川県河北潟の狭い地域にのみ分布し、(3)とくに八田村にだけ多産する、(4)このミミズが水田の畔に生息し、孔を穿ち漏水させるので、八田村からイネ苗を持ち出さなかったにしろ、長い年月の間には分布が広がるものだが、その拡散がないのはこのミミズは最近持ち込まれた、(5)入水した娘の髪の毛がミミズとなって不誠実な男の水田のイネを根絶やしにしたといった伝説のあることなどをあげ、これはこのハッタミミズが突然現れたこと、それも古い話ではないとして、加賀の豪商銭屋五兵衛が南蛮貿易で持ち帰ったのではないかとし、「原産地はジャワ、またはフィリピンで、そこから金沢へ偶然移殖されたと考えるのが一番合理的と思われます」とある。ハッタミミズ属のミミズについて十分に調べられていない南洋諸島、タイ、インドシナなどについても気になるとしている。東南アジアのどこかで本種の生息が確認されれば、あるいは外来種ということで決着がつくかも知れないが、東南アジアのミミズ研究も十分には進んでいない。

ハッタミミズ伝説

世間知らずの地主の長男坊が田舎娘とねんごろになったが、両親に反対され、豪農の娘と結婚した。田舎娘は悲嘆にくれ、地主のみずみずしい緑の水田へ身を投げた。娘の髪の毛はミミズとなってその畔にトンネルを穿ち、水を抜き、イネを根絶やしにしたというものである。先に述べたように、これはミミズが突然現れたことを意味するというのである。

ハッタミミズは水田の畔に生息し、畔の中にトンネルを穿つ。このためせっかく貯めた水が抜けてしまうので、八田村では本種をアゼトウシ、イワトウシなどと呼び、農家からは嫌われていた。八田村に隣接する近隣の農村ではこのハッタミミズの侵入を防ぐため、イネ苗を八田村から分けてもらわなかったというのである。このような防護策をとってもその拡散は長い年月の間では防げなかったはずなのに、分布が八田村を中心に河北潟周辺に限られるのは、最近どこからか移入したのではとの疑いは当然のことであったろう。

そこで銭屋五兵衛の南蛮貿易を疑ったのである。銭屋五兵衛は北前船で蝦夷（えぞ）の産物を上方へ送って富を得ていたというのが本当なのだろうが、加賀藩前田家の内々の許可で南蛮密貿易をし、それが幕府に知れるところとなり、１８５２年（嘉永5）、金沢城内の牢内で80歳で獄死させたとされる。実際、五兵衛の三男の要蔵が宝順丸という大船に乗ってどこかへ行ってきたというのは確からしい（村上元三　あの人この人「銭屋五兵衛あれこれ」1976）。生きた植物なども持ち帰った、それといっしょにミミズも運ばれたのではということだ。五兵衛は河北潟の干拓・開発も計画していて、これにミミズを利用しようとしたという話もあるが、どのように利用しようとしたのかはわからない。

畑井教授はハッタミミズは東南アジア起源のものだと推定し、銭屋五兵衛を登場させたのだが、そのストーリーの展開には、少々無理があるようにも思われる。すなわち、もし、南蛮貿易での移入なら、河北潟よりも、鎖国前の長崎平戸、大坂堺、鎖国後の唯一の開港地長崎、あるいは古くからもっと頻繁（ひんぱん）な東南アジアとの交易のあった琉球（沖縄）のどこかに移入されていないかということだ。

このことには畑井教授も気にしていたようで、銭屋五兵衛は長崎その他の地方でも手広く商売をしていたので、長崎や鹿児島のような暖地にもあるいは繁殖しているかも知れないとしている。しかし、もし、このハッタミミズがそれらの地に見つかったとしても、誰が運んできたのかがわからないが、雪深い日本海に面した河北潟で発見されたので、銭屋五兵衛が運んだのだと推測できると述べている。とはいえ、「この仮説の可否は今後の研究にまたねばなりません」とある。

市村塘・安田作次郎『八田蚯蚓　石川県天然記念物調査報告　第7編』にハッタミミズ

に関する伝説として、

(1)加賀騒動で自殺した大槻伝蔵の亡霊がハッタミミズになる。

大槻伝蔵とは加賀藩士であったが、江戸加賀藩邸での八代藩主毒殺未遂事件にかかわったとされ、五箇山へ蟄居させられたとされる人物である。

(2)地主の長男と田舎娘が恋に落ちたが男は他の女と結婚した。娘はミミズとなって彼の田を荒らすといって自殺する。彼女の髪の毛がミミズとなり田の畔に穴を穿ち水を抜いてしまう。この話は畑井『みみず』の中で述べているものと同じものであろう。

(3)小松付近の漁師がミミズをたずさえ河北潟にウナギ釣りに行くも1尾も釣れず、薄暮、このミミズを捨てて村に帰る。捨てられたミミズは繁殖したのち故郷恋しさに南進する、ミミズが八田村から金沢付近までで八田村以北にはいないのはこのためである。

(4)八田村の漁師が小松付近でほかと異なるミミズを得、これで釣りをするも釣果なし、これを弥勒村の田んぼに捨てる。これが繁殖し、柳橋村に広がったので、「弥勒ミミズ」、さらに神谷村に達し、ここでは「柳橋ミミズ」と呼んだという。昭和5年のこと、当時70歳の老人の談では「幼少のころ神谷村にはいなかった」という。

(5)小坂村では「ゼンナメミミズ」というが、これは「前波」のこと、前波村（石川県鳳珠郡穴水町前波）から伝播したもの、といった伝説を集めている。この中で長さを伸長時で3

～4尺（約90～120cm）、収縮時でも1尺5寸（約45cm）を超えるものがあるとしている。

ウナギ漁のえさ

河北潟周辺ではこのハッタミミズの存在に誰にも気づいていなかったということでなく、農業では水田の畔に孔を穿ち水を抜いてしまう悪者として、漁業ではウナギ釣りの餌としてよく知られていたようだ。河北潟ではハッタミミズはウナギ釣りの餌としてきわめて有用なものであった。大量に利用していたし、現在でも利用している。河北潟はもと汽水湖で、ウナギの産地として知られていた。畑井は『みみず』の中で八田村には約50戸のウナギ捕りを家業とする人がいて、4月中旬になると一家で1日5升（9ℓ）のミミズを捕獲するので、村全体では1日に、2石5斗（450ℓ）くらいのミミズを捕獲することになる。1升に大小とりまぜて100匹入るとすると、毎日2万5000匹のミミズを何日も続けて捕獲することになる、と記述している。

2008年（平成20）8月、私も八田村でウナギ漁の餌としてのこのミミズの利用について聞いた。

昭和初期のことだというのだから、畑井が聞いたのと同じころのことになるかも知れない。河北潟でのウナギ漁の最盛期には八田村だけで30～50戸のウナギ捕り専業者がいて、

4月から10月まで、ウナギ漁を行った。漁期は4〜6月であった。各戸が舟をもち、一艘の舟で長いものでは総延長1万1200m（11㎞余り）もの延縄（はえなわ）を設置し、4mごとに餌のハッタミミズをつけた。長いハッタミミズを2つ、あるいは3つに切って使ったという。単純に計算しても、八田村では毎朝、少なく見積もって2万8000個体、多く見積もって7万個体ものミミズを捕っていたということになる。そのため、1戸で毎朝、5ℓ、あるいは9ℓものミミズを捕ったという。びっくりする数字である。

この当時、片手を泥の中に突っ込んで20〜30個体のハッタミミズを簡単に引っ張り出せたという。場所にもよったのだろうが、ハッタミミズがたくさんいたことはまちがいないようだ。しかし、ここでのウナギ漁も干拓工事でウナギが少なくなり、漁もほぼ姿を消しているようだ。

後で述べるが、滋賀県の余呉湖でもウナギ釣りの餌にハッタミミズを使っているし、かつては琵琶湖でもギギ漁を主に、ウナギやコイ漁にハッタミミズを使っていた。つい最近、生息が確認された三方五湖でもウナギ漁が行われているが、ここでは何を餌に使っているかはまだ確認していないが、上西実さんによれば、三方五湖の漁師が中山の水田にウナギ捕りのエサとしてハッタミミズを捕りに来ているともいう。ウナギ漁の餌としてこのハッタミミズが有用なものだと知れば、このハッタミミズを河北潟からほかの地域へ移殖した可能性もでてくる。

6. 童話・昔話にでてこないミミズ

すずめとみみずときつつき

河北潟のハッタミミズについては、銭屋五兵衛が東南アジアからもってきた、水田へ身を投げた娘の髪の毛がミミズとなり田んぼの畔にトンネルを穿ち、水を抜きイネを根絶やしにした、あるいは捨てられたミミズが故郷恋しさに名前を変えながら南進するといったたくさんの伝説のあることを述べたが、全国的に知られたミミズ伝説ではない。

ミミズはどこにでもいたもの、とくに畑作業では鍬で耕せば簡単にでてきたもの、ミミズの存在はみんな知っていた。それだけにたくさんの地方名・方言があることを述べたが、サル・カニ合戦、タニシ長者、ムカデの伊勢参りなど、ほかの動物は昔話・民話に登場するのに、不思議なことに全国的に知られたミミズの昔話・童話がない。気になって、『日本の児童文学登場人物索引　民話・昔話集篇』（２００６）で検索しても、また児童向けの全国の府県別昔話・童話集をみても、ミミズの話はきわめて少ないことがわかった。

それでも、なぜミミズに目がないかという由来譚は東北地方から中部地方まで広く伝えられている。昔、ヘビには目がなく、ミミズには目があった、ヘビは歌が上手で、ミミズは下手であった。ミミズは歌が上手になりたくてヘビのところへ歌を教えてもらいにいった。ヘビはお前の目をくれたら歌が上手になるようにしてやろうといった。それ以来、ミミズは歌が上手になったが、目がなくなったという話である。俳句で秋の季語とされる「蚯蚓鳴く」「歌女鳴く」のもとの話である。

童話集で調べてみると、「みみずとへび」(東京)、「みみずの京まいり」、「金のふんをするひるみみず」「みみずとむかでの伊勢まいり」(新潟)、「すずめとみみずときつつき」(滋賀)、「かせかけみみず」(長崎)、「みみずのたべるもの」(宮崎)、「みみずの船出」(沖縄)などがあったが、多くの方はその話の筋を知らないであろう。全国的に知られたミミズの話はやはり少ないといえよう。「みみずとへび」はすでに述べたミミズの目とヘビの歌の上手なことを交換した物語である。

滋賀県にあった「すずめとみみずときつつき」はよく知られた「スズメとキツツキ」の話と似たもの、ミミズが入った別バージョンである。昔、スズメとキツツキとミミズは姉妹であった。母親の臨終の近いことを知り、スズメは着たっきりであわてて駆けつけた。一方、キツツキはきれいな着物に着替え、お化粧までして行った。ミミズはずっと遅れてやってきて、臨終に間に合わなかった。怒った神様がその後、スズメにはお米を食べさせ、キツツキには木の中の虫を食べるように、ミミズには土を食べるようにさせたという話である。

俗信のなかにはいくつかミミズがでてくる。国際日本文化研究センターの怪異・妖怪伝承データベースにはミミズで検索すると34もヒットする。キツネに化かされるという話は全国的で、キツネに騙されてミミズをうどんかそばと思って食べるという話である。子供が行方不明になったが、3日後に無事戻ってきた。3日間、何を食べていたのかと聞いたら、「うどん」と答え、手にはミミズが握られていたといった話だ。

ミミズが土を食べつくす

仏話の中にもミミズがでてくる。釈迦（釈尊）は齢80歳で、郷里へ向う途中、インドのクシナガラで沙羅双樹の間に横たわられた。同行の弟子たちは師の死が近いことを知り、大声で泣いた。それを聞きつけ、かつての弟子たちはもちろん、徳を慕う人々、さらにはゾウ、トラ、ウシ、ニワトリ、サギなどたくさんの動物たちもやってきた。釈迦は人々に最後の教えをあれこれといい残し、動物たちにも何を食べたらいいかを言い渡した。

そのとき、遅れてきて大きな動物の間にいたミミズが釈迦に言葉をもらえなかったら損をしてしまうと、前に這いだし、大声で聞いた。「お釈迦様、私はこれから何を食べていけばいいのでしょうか」、それを聞いた釈迦は「おおそうじゃった、お前がいたのう、忘れるところであった。大きめの食べものはほぼ指示しつくした、食べ残しやこぼれかすも小鳥たちや虫たちに与えた、何が残っているかのう」。釈迦は小さなミミズを憐れと思い、考えた末にこう言い渡した。「お前は土についた養分を濾(こ)して食べられるようにしてやろう、それなら誰も手を出さぬし、食うことにも困らないだろう」。

しかし、ミミズはそれに満足せず、さらに聞いた「お釈迦様、土を食べつくしたら、次は何を食べればいいのですか」。釈迦はその強欲さにあきれて「もし土を食べつくしたら、土からでて昼寝でもしていなさい」といった。ミミズは欲深くすぐに土を食べつくした。その日はお天気もよかったので土の上にでて昼寝をした。そうしたら、知らない間に干からびて死んでしまった。しばらく、その地に留まって釈迦の弔いをした高弟のアナンダは「欲には限りがない、ミミズは釈迦に馬鹿なことを聞いたものだ、皆もほどほどにするようにな」といってその地を立ち去った。ミミズが土を食べること、ときに大量に干からびて死んでいることを観察しての説法であろう。

しかし、ミミズが欲張りにされているのがちょっとかわいそうだ。釈迦もちょっと慈悲が足りないのではと思ってしまうのは私だけだろうか。

神様になったミミズ　蚯蚓大権現

権現・権現様とは、仏様が神様のかたちで現れたとする本地垂迹による神仏習合の日本独特のものである。明治維新の神仏分離令（神仏判然令）によって、「権現」の神号・修験道が一時禁止されたため、権現は神道の神様に変更された。よく知られた火難除けの愛宕権現も愛宕大神、白山権現も白山比咩大神といった名前に変えられた。徳川家康も神格化され東照大権現の神号を贈られていた。

実は仏様や徳川家康でなく、ミミズも神様になっている。長野県、霧ヶ峰と美ヶ原の間、中山道の和田峠を越えた昔の宿場町和田宿の和田村（現在長和町）中組というところに「蚯蚓神社」というのがある。多分、日本唯一であろう。神社自体は切妻の作業小屋風の新しい建物だが、中にはまだ古い祠がおいてある（図19）。鳥居がなければ、どうみても作業小屋といったところだ。祠にはまちがいなく「蚯蚓大権現」とある。表に「奉再建村中安全五穀成就守護」、裏に「慶応四辰念七月初日、彩雲山龍寶院」と書かれていた。西暦１８６８年ということになる。神仏習合時代のものだが、ミミズが大権現様・神様なのである。「奉再建」とあるから、それ以前からあったということだろう。

ここではこの蚯蚓神社を「おきゅうさま」とか「おきんさま」と呼んでいる。何度かこ

図19　蚯蚓大権現

図20　蚯蚓神社の標識

の神社を訪ね、いわれを聞いてみたことがある。この集落のほとんどは相馬姓であった。「あるとき、大きなミミズがでてきた、これは天変地異の前兆にちがいないとみんなで逃げたら、そのすぐ後で大きな山崩れがやってきた」といった話を聞いたが、この蚯蚓神社は農業の神様だという。「五穀成就守護」の銘からも農作・五穀豊穣の祈願であることがわかる。農作物収量へのミミズの貢献を知っていた、感謝しているということだろう。お祭りは8月20日、あるいはその近くの日曜日だと聞いた。

　現在、バイパスができ、普通にはバイパスの方へ行ってしまうが、旧道を通り和田宿へ入ると、長門・上田に向かって右側に和田観光のバス車庫がある。そのすぐそばに路肩に赤い鳥居の描かれた道祖神のような石碑が目に入るはずだ（図20）。これが蚯蚓神社の標識なのだが、鳥居の間に描かれたスタイルのいいカップルがミミズだとはすぐにはわかるまい。

左はピンクのスカートをはき、頭はどうみても日本髪だし、右は青いスカートをはき、頭には聖徳太子がつけていたような冠がある。何となく目も描いている。近寄ってみれば、カップルの足元に「みみず」とある。しかし、もう色はほとんど消えていて、遠くからでは文字は読めないだろう。ミミズに目があり、雌雄別だということだがこれはご愛嬌だ。蚯蚓神社はこの正面、田んぼの中の道を３００ｍほど進んだ山裾のスギ林の中にある。

日本には八百万（やおよろず）の神、たくさんの神様がおられるが、ミミズも神様・大権現様になっていたことを知りうれしくなった。私の知る限り、日本に一つのミミズ神社だろう。他にミミズに関連する神社があれば教えてほしい。

第3章 琵琶湖周辺にもいたハッタミミズ

1. 琵琶湖周辺での分布

琵琶湖

図21　琵琶湖にある島のひとつ、竹生島

琵琶湖は日本最大の湖沼で、面積約674㎢、湖岸延長は約235㎞、滋賀県全体の6分の1を占める。くびれたところにかかる琵琶湖大橋から北を北湖といい平均水深41m、南側を南湖といい、平均水深4m、最深は北湖の103.6mとされている。琵琶湖の基準水位は85.6m、大小460本もの河川が流入するが、流れ出すのは瀬田川、宇治川、淀川と名を変え大阪湾（瀬戸内海）に注ぐ瀬田川1本であったが、明治初期、京都への疏水（そすい）が開設された。

古琵琶湖の形成は約400~600万年前、現在の伊賀市付近にできた構造湖で、これが次第に北に移動し、約１００～40万年前、比良山系によって止められ、現在地になったとされる。現在でも毎年５㎝の移動を続けているという。バイカル湖、タンガニーカ湖についで古い古代湖とされ、ビワコオオナマズ、イワトコナマズ、ハス、ワタカ、セタシジミなど琵琶湖固有種が多い。古くは近淡海、淡海（おうみ）、鳰（にお）の海と呼んだ。中に竹生島（ちくぶしま）（図21）、沖島、多景島（たけしま）、沖の白石（しらいし）などの島がある。琵琶湖国定公園、ラムサール条約登録湿地でもある。

琵琶湖周辺での発見

石川県の河北潟周辺にのみ分布する、それも外来種とも考えられたハッタミミズであるが、これが琵琶湖周辺にも広く分布することがわかった。畑井新喜司『みみず』（１９３１）は私がミミズ研究を始めた１９６０年代には読んでいて、ハッタミミズの存在そのものは知っていた。その当時、ミミズ研究には必読のテキストであった。１９７０年代、この本を再度読んでいて、ハッタミミズのところに「加賀、能登、越中の地形的には河北潟の八田村とよく似た各地を採集しても未だ発見されませんが、然し、何時迄も八田みみずの人工防止策が完全に行われるものとは思われず、或いは偶然の機会に不知不識の間に各地に広がって行くであろうと想像が出来得る譯です、その一例として、最近愛知医科大学の高木俊蔵氏が琵琶湖付近の八幡（やはた）市にて採集されたものを見ると、疑ひもなく八田みみずである所から考へると、河北潟と琵琶湖のと間に繋き交通が行はれて居ったためと想像されます。更に調査を進めたら、或いは同じ理由から飛びとびに各所から見出されるかと思われます（原文のまま）」という文章のあることに気付いた。

八幡とルビがあるが、これは近江八幡（当時は八幡町）の誤りだろう。つまり、河北潟から何らかの理由で琵琶湖に運ばれたと考えていたようである。

北国新聞社（編）『のと　かが　四季の野生』（１９７３）には「近縁の種は滋賀県近江八幡市の琵琶湖周辺にもみられるらしいが、同市教育委員会や県教育委員会は「知らない」と話しており、「はっきりしない」と書かれている。このミミズの存在が滋賀県では認知されていなかったことは確かだ。当時のこと、近江八幡市教育委員会や滋賀県教育委員会に問い合わせても「知らない」とそっけなかったのも当然だったろう。

琵琶湖での再発見

本当にハッタミミズが琵琶湖周辺にいるのだろうかと気になり調べに行った。１９７８年（昭和53）９月に琵琶湖、湖西の高島郡今津町今津と新旭町森地区（ともに現高島市）でハッタミミズを発見、翌１９７９年５月には湖東の近江八幡市の北里、小田、新巻、北ノ庄の水田で確認し、ここではジミトウシと呼ばれていることを知った。このとき、農業協同組合、農業改良普及員などへ水田に細く長いミミズ（ハッタミミズ）がいないかというアンケート表を送り、情報収集をしたのだが、長浜市、愛知川町（現愛荘町）、能登川町（現東近江市）、野洲町と中主町（ともに現野洲市）などにドロミミズと呼ばれるミミズがいること、湖北の木之本町と湖北町（ともに現長浜市）にソコミミズと呼ばれるミミズがいることを知った。これらもハッタミミズである可能性が高い、ハッタミミズは琵琶湖周辺に広く分布するのではと思った。

さっそく、日本土壌動物学会会誌『Edapholigia』へ短報「琵琶湖周辺にも分布するハッタミミズ」として投稿、27号（１９８２）に掲載された。新聞社がどのようにこのことを知ったのかわからないが、京都新聞（昭和54年5月5日付）に「日本最大のハッタミミズがいた　滋賀新旭町」として報道された。この当時、刊行計画のあった『滋賀県百科事典』（１９８４）の原稿執筆の依頼を受けて「ハッタミミズ」の項を記述した。ハッタミミズが琵琶湖周辺にも分布することが一般にも少し知られたのではと思った。

しかし、２００８年（平成20）、環境庁のレッドデータ改訂でハッタミミズをリストアップするため、委員の駿河台大学経営経済学部の伊藤雅道教授を現地へ案内したのだが、今津も近江八幡も広範囲の農地整備事業が行われていて、景観は一変していた。ハッタミミズを見つけられなかったのである。

２００９年に滋賀県生きもの総合調査で新しく土壌動物調査を依頼されたので、ハッタミミズを含め陸生ミミズ類の調査を開始し、琵琶湖周辺でのハッタミミズの分布の再確認をし、さらにいくつかの新しい分布地が確認できた。

2．琵琶湖南湖のタイゾウと甲賀岩室の大ミミズ

南湖のタイゾウ

１９７８年（昭和53）に湖西、１９７９年に湖東でハッタミミズを確認・報告した当時、知らなかったのだが、つい最近になって、ハッタミミズについて、それも南湖沿岸からすでに報告があることを知った。結城實城（堅田尋常高等小学校教諭）は『近江博物同好会誌』8号（１９４０）に「博物断片（其二）」として琵琶湖ではギギ漁の餌として「タイゾウと呼ばれるミミズを使う、これは高島郡安曇村（藤樹神社付近）および堅田一本松付近に産し、水田の地下30㎝に生息、普通長さ30㎝、大きければ40㎝、生息地付近の農家ではこのミミズが水田を荒らすので、魚釣りの餌としてミミズを捕ってくれることを歓迎している」、ついで、同会誌9号の「博物断片（其の二）」では「このミミズの同定を京都帝国大学臨湖

実験所の上野益三教授に依頼、それが東北帝国大学理学部の大淵眞龍(おおふちしんりょう)博士に渡りハッタミミズと同定されたとある。体長40㎝、体節数を430あまりとしている。近江における産地として安曇川のほか、南湖の堅田、坂本、大溝(おおみぞ)、和邇(わに)、その他各地に普通」とある。タイゾウとは変わった名である。私もはじめて知ったのだが、なぜ、そんな名前がついたのだろう。

ナマズに似た魚のギギのほか、ウナギ、ナマズ、コイ、その他の魚釣りの餌にタイゾウを使い、釣りの期間は6月から11月まで、8月が最盛期だったという。現在、琵琶湖でもギギは激減してしまっているが、1940年当時はたくさん捕れたようだ。その釣り餌としてこのタイゾウを足利時代からすでに使っていたとか、数百年前から使っていたという言い伝えがあると記述している。加賀の銭屋五兵衛の活躍するずっと以前の話である。同定した大淵眞龍はよく知られたミミズ分類研究者であるが、その著書『みみずと人生』（牧書房、1947）には琵琶湖のハッタミミズのことはまったく書かれていない。

ギギ、ナマズ漁の餌としては、ヒル、タニシ、ミミズ、エビ、イサザ、ボテ、ドジョウ、タイゾウ（ハッタミミズ）をあげているが、驚いたのは、ウナギ漁の餌にトンボの幼虫ヤゴが使われているという記述だ。「ヤゴは4月中旬〜8月下旬まで盛んに使われ、堅田町だけで1日に10艘の漁業者が野洲、栗太(くりた)の沿岸だけでも1万匹以上、1年間4〜5ヵ月使用すると仮定して、150万個体以上のヤゴが捕獲されている、当事者でさえ、こんなにヤゴを使ったら、琵琶湖のトンボがいなくなると心配している」と書いてある。ミミズでなく、トンボの幼虫ヤゴの話だが、どうやって捕ったのだろう、また、琵琶湖沿岸にいたこのトンボは何トンボだったのだろう。

トンボ研究者の谷幸三さんに聞くと、藻場にいるのはイトトンボの仲間かギンヤンマだという。標本がないので断定はできないが、ギギやナマズの餌としてはイトトンボは小さすぎるのでギンヤンマではないかという。当時、琵琶湖周辺にはたくさんギンヤンマがいたとことは確からしい。現在少ないのはこんなことが原因だったのではと思ってしまう。

2011年（平成23）9月、南湖堅田周辺の湖岸、水路沿い、内湖などを調べてみたが、産地とされた堅田の一本松はすでに枯れ、周辺は住宅地に変わっていて、ハッタミミズは発見できなかった。堅田漁業協同組合を訪ねると、一人だけタイゾウを知っている人がいた。戦後間もなくのころだが、父親と堅田でなく安曇川の方へギギ漁の餌としてタイゾウを捕りに行った。当時すでに堅田付近にはタイゾウが少なかったためだという。

琵琶湖周辺のハッタミミズの分布調査をした谷口恵さんも、大津市のとくに西側、皇子（おうじ）が丘～真野（まの）、旧志賀町高城～南小松を調べて発見できなかったとしている。

現在、生息が確認できない南湖湖岸の堅田、坂本、和邇などにもハッタミミズが分布していた。それもギギが主であるが、釣り餌として利用されていたことは、河北潟、余呉湖とも共通する興味深い事実である。なお、現在、南湖側でも草津市の琵琶湖岸に近いところでは発見されているが、やはり湖西側にはどうもいないようだ。

甲賀市岩室の巨大ミミズ

さらに古い記録であるが、1887年（明治20）発行の下山忠行（編揖）『今世開巻奇聞』の中に「驚くべき大ミミズ（蚯蚓）」として、野洲川の最上流和田川沿いの甲賀郡岩室村（現甲賀市甲賀町岩室）に長さ5尺（約1・5m）のミミズがいたという。「江州甲賀郡岩室村と云えるは、甲賀南隅の山間に在りて、昔より同村の田面には、大蚯蚓を生ずることあり、されども土人は常に目を慣れて怪しとも思わざりしが、近頃に至りては殊に肥大なる蚯蚓を生じ、その長さ五尺余もありて、作物の根を穿ち、田畑を害すること甚だしければ、これを退治せんと種々工夫を凝せも数多の蚯蚓にて容易に撲滅する能わざりしとかや」という記述がある。

これは当時の新聞や雑誌から「前代未聞の大鰻」「四足の鶏雛」などの信じられない記事・面白い記事を集めたものだが、岩室の大ミミズは田畑を荒らすとしているので、半水生のハッタミミズではないと思ったが、気になって2011年（平成23）9月、岩室を訪ねた。やはり、畑でなく田んぼのミミズであった。ここの野川（のんごう、のごう）地区の水田の畔に大きなミミズがいて張った水が抜けたという。畔のまわりの土を畔に盛るため土を掘るとこのミミズがたくさんいた。引っ張ると長く伸びる黒く細いミミズだったというからハッタミミズにまちがいないだろう。持っていたハッタミミズの写真をみせると、これにまちがいないといってくれた。ここでは地名からノンゴウミミズと呼んでいたようだ。

琵琶湖岸からは35㎞もの内陸である。湖岸からもっとも遠いところからの記録になる。しかし、現場は新名神高速道路の土山インターチェンジによって大きく分断されていた。昭和40年代まで確実にいたが、圃場整備もあり、さらに高速道路完成後は見ていないという。現場は山沿いの水田、どこも畔のまわりにはビニール製の畦畔（けいはん）シートが深く埋められていた。糞塊も発見できなかったが、あるいはまだ残っているのではと思えるところであった。

2014年9月、稲刈り時期をねらって再度でかけてみた。作業中の何人もの人に尋ねたのだが、これはという反応がなく、村落に入って聞き込みをしていると、偶然ハッタミミズを知っている人に出会った。かつて岩室村落の中央、甲賀木彩館（公民館）裏の水田にいたという。まだきっといるはずだと行ってみると、畔の上にまぎれもない大きな糞塊を発見、ついにハッタミミズを自分でみつけた（図22）。長さ65㎝のものであった。聞くと、昭和30年代まではたくさんいた。田の畔にトンネルをつくり水を抜いてしまう悪い奴だったので、腰に籠をぶら下げ、農作業の間に見つけるとこれに入れて退治したというのだから驚きだ。ミミズは引っ張るとすぐに切れてしまったが、籠はすぐに一杯になったという。

予想どおり、岩室の５尺の大ミミズというのはハッタミミズだったということで解決だろう。それでも、ミミズを自分でみつけてうれしかった。

図22　甲賀市甲賀町岩室で発見したハッタミミズ。長さ 65㎝

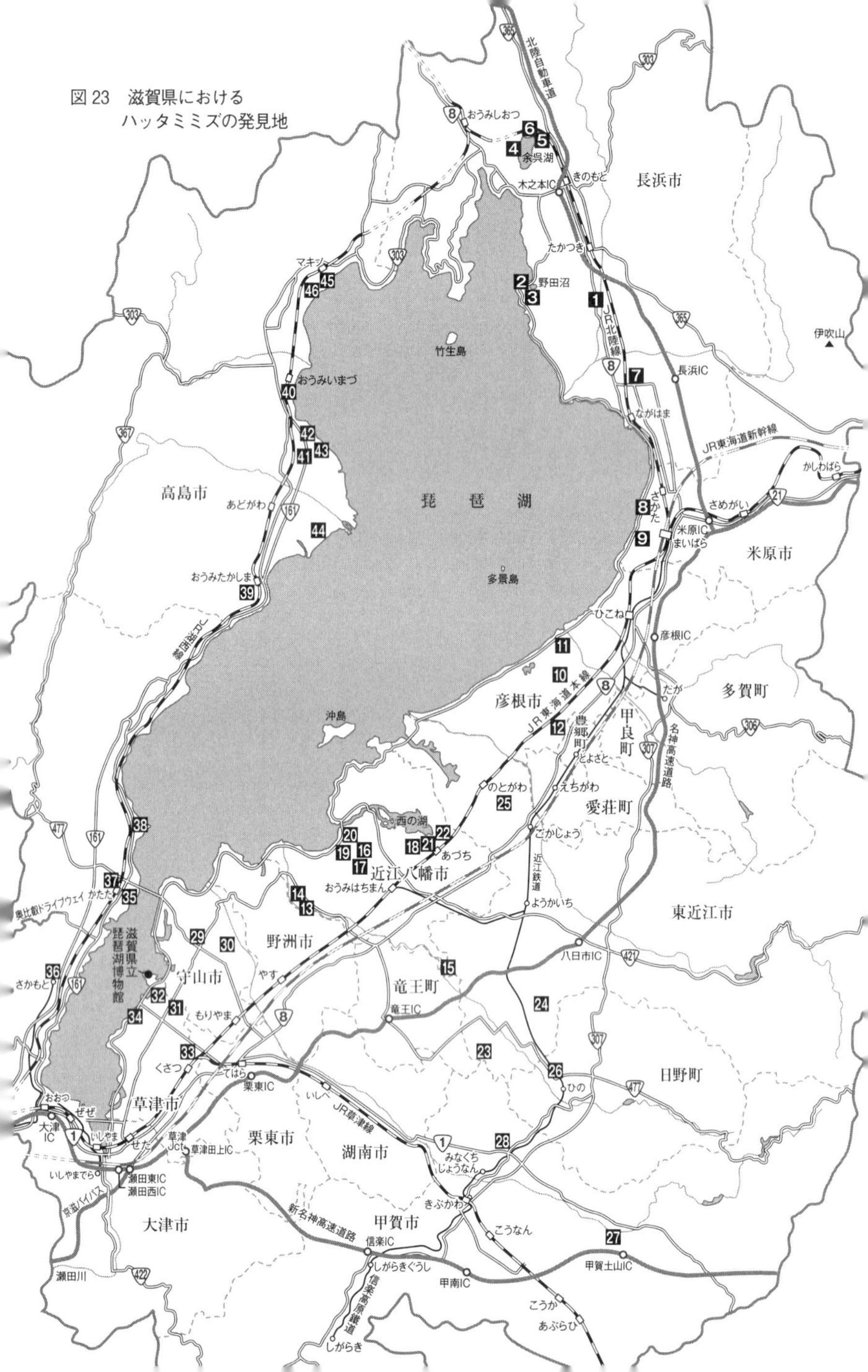

図23　滋賀県における
ハッタミミズの発見地

表1　滋賀県におけるハッタミミズの発見地

地名		番号
長浜市	湖北町速水(はやみ)	1
	湖北東尾上(ひがしおのえ)町	2
	野田沼周辺(湖北町津里(つのさと))	3
	余呉町川並	4
	余呉町下余呉	5
	余呉町八戸(やと)	6
	神照(かみてる)町	7
米原市	朝妻筑摩(あさづまちくま)	8
	入江(いりえ)	9
彦根市	日夏(ひなつ)町	10
	八坂(はっさか)町	11
	太堂(たいどう)町	12
近江八幡市	詳細地点不明（畑井 1931）	
	北里（渡辺 1982）	13
	小田（渡辺 1982）	14
	新巻（渡辺 1982）	15
	北ノ庄（渡辺 1982）	16
	中村	17
	浅小井(あさごい)	18
	南津田	19
	津田	20
	安土町常楽寺	21
	安土町下豊浦(しもといら)	22
東近江市	蒲生堂(かもうどう)町	23
	蒲生寺(がもうてら)町	24
	佐生(さそ)町	25
日野町	三十坪(みそつ)	26
甲賀市	岩室（下山 1887）	
	甲賀町岩室	27
	水口町松尾	28
守山市	洲本町開発(かいほつ)	29
	笠岡町	30
草津市	芦浦(あしうら)町	31
	下物(おろしも)町	32
	平井町	33
	志那(しな)町	34
大津市	堅田	35
	坂本（結城 1940）	36
	真野（Blakemore 2010）	37
（滋賀郡）	和邇村（結城 1940）	38
（高島郡）	大溝町（結城 1940）	39
高島市	今津町今津（渡辺 1982）	40
	新旭町森（渡辺 1982）	41
	新旭町針江	42
	新旭町深溝	43
	安曇川町四津川(よつがわ)	44
	マキノ町高木浜	45
	マキノ町知内(ちない)	46

滋賀県でのハッタミミズの分布確認地点

これまで滋賀県琵琶湖と余呉湖周辺で分布が確認された地域は、前ページの図23と表1のとおりである。

滋賀県立大学環境科学部の学生であった谷口恵さんの卒業・課題研究論文「ハッタミミズの滋賀県における分布と糞塊によるバイオマス推定法」（2008年度）、さらには別に紹介した琵琶湖博物館によるハッタミミズダービーなどで、これまで知られていなかった多くの地点での分布が確認された。

琵琶湖にもたくさんの地方名・方言

ミミズはどこにでもいるもの、ミミズの存在はみんな知っていたのだから、全国的にもミミズにはたくさんの地方名・方言があることはすでに述べた。たくさんの名前があるということは、みんなミミズを知っていた、それを魚釣りや薬として使っていたからだ。琵琶湖周辺のハッタミミズについても、たくさんの呼び名がある。

湖西の安曇川〜南湖の堅田・坂本付近でタイゾウ、甲賀市岩室ではノンゴウミミズ、高島市安曇川四津川ではアンゴラ、またはアンゴラミミズ、近江八幡市付近ではジミトウシ（畔通し）、愛知川・野洲川・長浜、能登川、中主でドロミミズ、湖北でソコミミズ、余呉湖付近ではタンボミミズなどと呼んでいる。このようにたくさんの方言・地方名があるということは、琵琶湖周辺でもハッタミミズの存在を昔から知っていたということである。張った水を抜いてしまう害虫ともみられていたし、漁業関係者にはギギ釣り・ウナギ釣りの餌として認められていたのである。

しかし、『滋賀の田園の生き物』（滋賀県自然環境研究会２００１）にはハッタミミズは掲載されていない。残念ながら、一般にはまだこのミミズが琵琶湖周辺に分布することはよく知られていないようだ。

3．湖国ハッタミミズ・ダービーの開催

「湖国ハッタミミズ・ダービー　うちの田んぼに潜む大物を掘り起こせ！」という企画が、琵琶湖博物館の大塚泰介さんの発案で、２０１３年（平成25）6月1日から２０１４年5月31日までの1年間実行された。配布ちらしでは、「ハッタミミズをご存知ですか？」として、「たいへんよく伸びる、体色は濃い紫色、はかま（環帯）は目立たない、頭はつくしのような形だ」と特徴を写真で示し、田んぼの周辺からみつかるミミズで、ハッタミミズの分布

を全県的に調査する、ご協力をいただきたいとし、より注目を集めるため、ハッタミミズダービーとして「長寸部門」では定規やメジャーなどで長さが確認できるものでの写真を募集した（図24）。これには「ミミズはよく伸びるので、頭をつまんでぶら下げるとより長くなります、しかし、乱暴に扱うとすぐに切れてしまいます」との注意もある。「大糞塊部門」は畔ぎわなどに残される糞塊（図26、27）はハッタミミズが生息する有力な証拠になるものなので、糞塊をみつけたら定規やメジャーなどで大きさを示すものと一緒の写真を募集したものだ。さらに、最も美しい写真には「フォトジェニック賞」が贈られることになっていた。

ハッタミミズを見つけるチャンスとして田んぼに水のある湛水（たんすい）時には畔ぎわ、代（しろ）かき時あるいは落水後は田んぼの中でも見つけられるとしている。応募には長さ、撮影年月日、採集地名などを添え琵琶湖博物館ハッタミミズ係へ郵送することになっている。

実行委員会会長に私が、委員長には滋賀県立大学環境科学部の浦部美佐子教授が、事務局長は琵琶湖博物館の大塚泰介さんが務めた。

開始に先立ち、２０１３年12月22日、琵琶湖博物館での第４回琵琶湖地域の水田生物研究会で第１部としてミニシンポジウム「ハッタミミズサミット」があり、基調講演として、ハッタミミズとは何者か？（渡辺弘之）、湖国ハッタミミズダービー中間報告（大塚泰介・浦

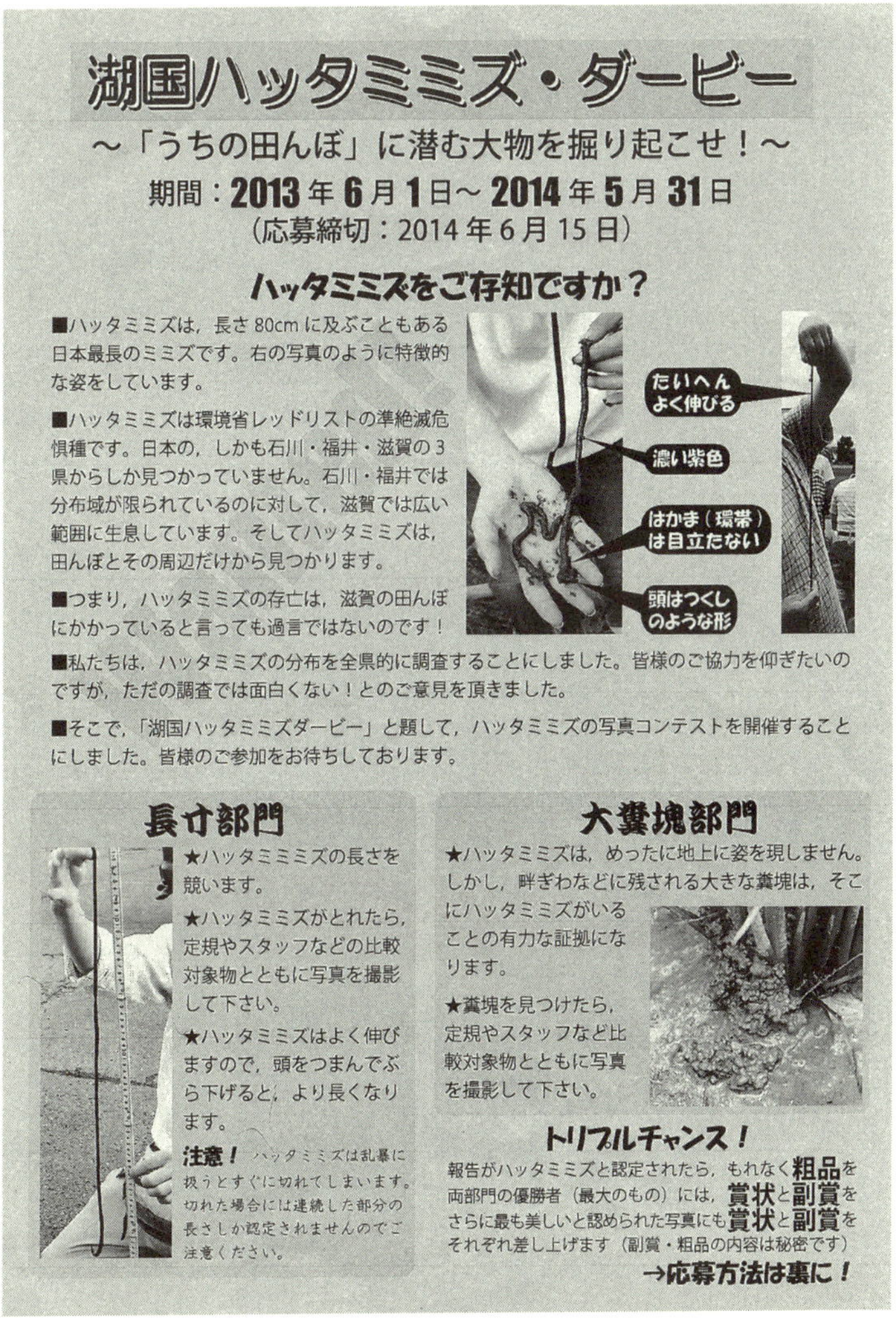

湖国ハッタミミズ・ダービー

～「うちの田んぼ」に潜む大物を掘り起こせ！～

期間：**2013** 年 **6** 月 **1** 日～ **2014** 年 **5** 月 **31** 日
（応募締切：2014 年 6 月 15 日）

ハッタミミズをご存知ですか？

■ハッタミミズは，長さ 80cm に及ぶこともある日本最長のミミズです。右の写真のように特徴的な姿をしています。

■ハッタミミズは環境省レッドリストの準絶滅危惧種です。日本の，しかも石川・福井・滋賀の 3 県からしか見つかっていません。石川・福井では分布域が限られているのに対して，滋賀では広い範囲に生息しています。そしてハッタミミズは，田んぼとその周辺だけから見つかります。

■つまり，ハッタミミズの存亡は，滋賀の田んぼにかかっていると言っても過言ではないのです！

■私たちは，ハッタミミズの分布を全県的に調査することにしました。皆様のご協力を仰ぎたいのですが，ただの調査では面白くない！とのご意見を頂きました。

■そこで，「湖国ハッタミミズダービー」と題して，ハッタミミズの写真コンテストを開催することにしました。皆様のご参加をお待ちしております。

長寸部門

★ハッタミミミズの長さを競います。

★ハッタミミズがとれたら，定規やスタッフなどの比較対象物とともに写真を撮影して下さい。

★ハッタミミズはよく伸びますので，頭をつまんでぶら下げると，より長くなります。

注意！ ハッタミミズは乱暴に扱うとすぐに切れてしまいます。切れた場合には連続した部分の長さしか認定されませんのでご注意ください。

大糞塊部門

★ハッタミミズは，めったに地上に姿を現しません。しかし，畔ぎわなどに残される大きな糞塊は，そこにハッタミミズがいることの有力な証拠になります。

★糞塊を見つけたら，定規やスタッフなど比較対象物とともに写真を撮影して下さい。

トリプルチャンス！

報告がハッタミミズと認定されたら，もれなく**粗品**を
両部門の優勝者（最大のもの）には，**賞状**と**副賞**を
さらに最も美しいと認められた写真にも**賞状**と**副賞**を
それぞれ差し上げます（副賞・粗品の内容は秘密です）

→応募方法は裏に！

図 24　ハッタミミズダービーのちらし

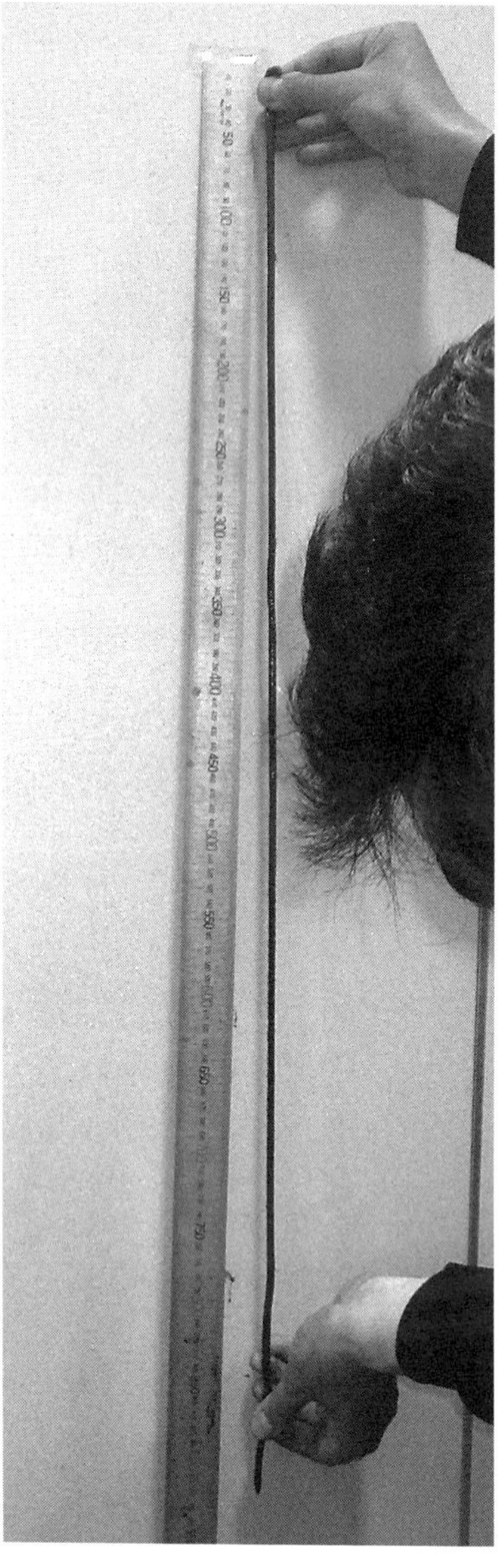

図25　92㎝が最長だった（写真：大塚泰介）

図 26　生息は糞塊で確認できる

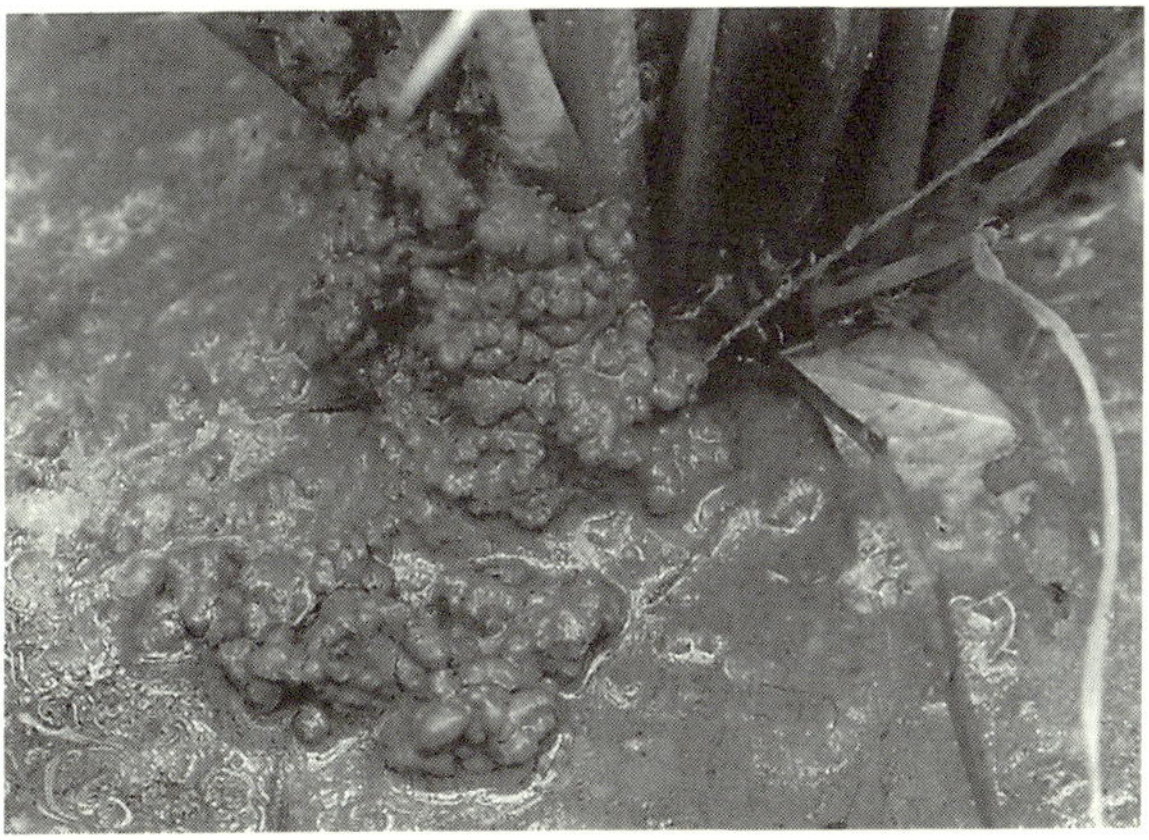

図 27　糞塊はイネの近くにもある

部美佐子）、石川県河北潟周辺におけるハッタミミズの再評価と保全（出島大）、ハッタミミズが生息する三方湖周辺の水田環境（上西実・関岡裕明）、ハッタミミズの過去を探る〜ハッタミミズはどこから、どうやって来たのか？（南谷幸雄）として、ハッタミミズの調査の目的と研究の現状を紹介した。

おもしろい企画だったので、何度かテレビやラジオ番組でもとりあげられ、琵琶湖周辺にハッタミミズがいることを知らせてくれ、逆に、いくつもの新しい分布地を確認することができた。すでに述べたように、私自身、何度も琵琶湖周辺の水田を見て回っている。しかし、ハッタミミズの糞塊を発見しても、田んぼの畔を勝手に崩すわけにはいかない。農家は、畔を崩されること、触られることを最も嫌うからである。農家の方ならこのミミズの存在を知っているはず、その情報が集まれば琵琶湖周辺での分布地が点でなく、面で示せる。大きな成果が期待できると思った。

新しい生息地の発見や小学校でのハッタミミズ飼育などのニュースを聞き、うれしがっていたのだが、ここへ突然、河北潟から挑戦状が来た（図28）。今時、毛筆での「挑戦状」とは穏やかでない。文面は次のようなものだった。

挑戦状

滋賀県立琵琶湖博物館

ハッタミミズダービー実行委員会会長　渡辺弘之　殿

ハッタミミズの本家・石川県より挑戦状を送る。

聞くところによれば、琵琶湖では本家を差し置いてハッタミミズダービーを繰り広げたとか。

ハッタミミズはその名の通り、石川県金沢市八田が由来、本家は紛れもなく石川県河北潟である。

これを証明するため、手始めに来る十月一九日に開催する「河北潟自然再生まつり」で、「琵琶湖に負けるなハッタミミズ　本家の意地を見せるぞコンテスト」を実施する。必ずや本家の名にふさわしい琵琶湖より長いハッタミミズを石川県から見つけだす。

琵琶湖はすでにハッタミミズダービーは終了したそうだが、やめたことを後悔するであろう。

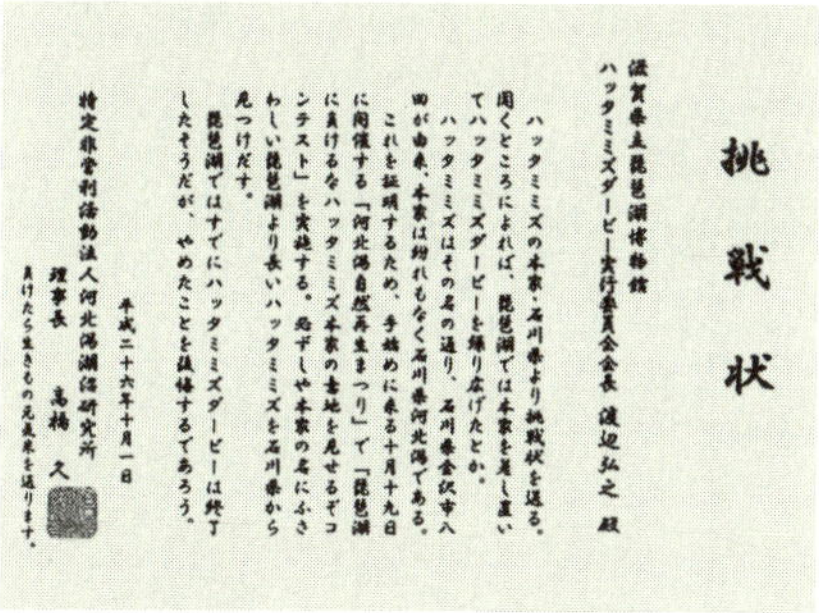
挑戦状

滋賀県立琵琶湖博物館
ハッタミミズダービー実行委員会会長　渡辺弘之　殿

ハッタミミズの本家・石川県より挑戦状を送る。
聞くところによれば、琵琶湖では本家を差し置いてハッタミミズダービーを繰り広げたとか。
ハッタミミズはその名の通り、石川県金沢市八田が由来、本家は紛れもなく石川県河北潟である。
これを証明するため、手始めに来る十月十九日に開催する「河北潟自然再生まつり」で「琵琶湖に負けるなハッタミミズ本家の意地を見せるぞコンテスト」を実施する。必ずしや本家の名にふさわしい琵琶湖より長いハッタミミズを石川県から見つけだす。
琵琶湖ではすでにハッタミミズダービーは終了したそうだが、やめたことを後悔するであろう。

平成二十六年十月一日

特定非営利活動法人河北潟湖沼研究所
理事長　高橋　久

負けたら生きもの元気米を送ります。

図 28　挑戦状

平成二十六年十月一日

特定非営利活動法人　河北潟湖沼研究所

理事長　高橋　久

負けたら生きもの元気米を送ります。

この挑戦を受けて湖国ハッタミミズ・ダービー実行委員会からは、

特定非営利活動法人河北潟湖沼研究所

理事長　高橋　久　殿

貴殿らの挑戦、受けて立とう。かかって来たまえ。

河北潟がハッタミミズの本家であることは認める。

しかし、琵琶湖の周りには河北潟よりも広範囲にハッタミミズが分布する。ハッタミミズが琵琶湖周辺で進化した証拠も揃いつつある。すなわち、琵琶湖のハッタミミズこそが元祖である（と思う）。

貴殿らが手強いことは重々承知している。しかし、われわれの九十二糎をそう簡単に超えられるかな。精々健闘を祈る。ただし、無理に引っ張って切らぬようにな。

湖国ハッタミミズ・ダービー実行委員会

会長　渡辺弘之

負けたら魚のゆりかご水田米を送ります。

という返書をだした。

再挑戦状がきた。

滋賀県立琵琶湖博物館

ハッタミミズダービー実行委員会　会長　渡辺弘之　殿

ハッタミミズこそ我ら河北潟地域に根ざすシンボルであるが、「河北潟自然再生まつり」で開催したハッタミミズコンテストでは五十六センチ、事前調査での最高記録は七十五センチという結果に終わった。

この結果、我々は見事に完敗したことを宣言する。負けたので、生きもの元気米を送ります。

ただし、今回の勝負には負けたが、ハッタミミズの聖地を守るため我々は立ち上がり、最大級のハッタミミズを見つけるべく、ハッタミミズ使いとなり、リベンジを果たすための修行と経験を積むことを決意する。

まずは、琵琶湖地域の視察に参ります。

平成二十六年十月二十二日

特定非営利活動法人　河北潟湖沼研究所

理事長　高橋　久

再挑戦場状をもらってほってはおけない。再挑戦受状をだした。

河北潟湖沼研究所　理事長　高橋　久　殿

「生きもの元気米」確かに頂戴した。

しかし、私たちは、これで勝ったものとは思っていない。田んぼから水が落ちてハッタミミズが地中深く潜る不利な条件下で七十五糎を記録した河北潟の実力は畏るべきである。となれば、条件を統一して再び勝負する以外にはあるまい。貴殿らの再挑戦、しかと受けた。

再戦のルールは、来年また田んぼに水が入るまでに詰めていこう。

湖国ハッタミミズ・ダービー実行委員会

会長　渡辺弘之

２０１３年（平成25）12月21日、琵琶湖博物館での「第５回　琵琶湖地域の水田生物研究会」の中で、表彰式を行った。長寸部門では草津市立水生植物公園みずの森での記録で80㎝、大糞塊部門は長浜市立神照（かみてる）小学校と姉川左岸土地改良区での記録は２４５㎝、そして東近江市の松本喬夫さんに生息情報を教えていただき、研究者との橋渡しをされたことに対し、感謝状を差し上げた。実際には琵琶湖博物館の大塚泰介さんが水口でみつけたものが92㎝だったのだが、主催者側だったので、表彰から降りられたのだ。なお、河北潟のイベントでは再挑戦状にあったように75㎝だったそうだ。

このコンテストは全国ハッタミミズ・ダービー実行委員会として発足させ、会長には私が、実行委員長には河北潟湖沼研究所の高橋奈苗さんと琵琶湖博物館の金尾滋史（しげふみ）さん、各地産のハッタミミズを集めての分子系統解析からのハッタミミズのルーツ、移動経路解明のための調査委員として横浜国立大学環境情報研究院の南谷幸雄さんが、事務局長には大塚泰介さんが続行任命され、河北潟湖沼研究所と琵琶湖博物館共催として、２０１５年（平成27）５月１日から11月30日まで延長されることになった。

これまで同様、長いミミズ、大きな糞塊での表彰とともに、新産地発見には新産地特別賞が設けられた。これまでにも奈良、大阪などからの未確認情報がある。捕獲してくれればハッタミミズかどうかはすぐに判断できる。文中でも述べたように、北海道への分布は誤りではないかとしたが、あるいは大逆転もあるかも知れない。この企画で私がもっとも期待していることである。「もしや？ と思ったらまずはご一報下さい」とある。私が駆け付けたい。

4. 余呉湖付近にも分布

余呉湖は鏡湖、よごのうみとも呼ばれ、滋賀県北部にあり琵琶湖とは羽柴秀吉と柴田勝家の争った古戦場として知られる賤ヶ岳（421m）で隔てられている。賤ヶ岳山頂からのながめはすばらしいものだ（図29、30）。

余呉湖は地図上では琵琶湖の近くに位置し、琵琶湖にたくさんある内湖の一つにも見えるが、まったく独立の湖である。標高132・8m、東西0・9km、南北1・8km、面積1・8km²、周囲長6・4km、深さは13m。出口河川のない閉鎖湖であったが、現在は水位調節のため、導水路が琵琶湖へ設定されている。琵琶湖の水面が85・6mとされるので、標高差が49mもあるということになる。琵琶湖と同時期に成立し、約3万年前に、独立したとされる。

湖岸には天女が下りてきてヤナギに羽衣をかけ、余呉湖で水浴びをしている間に羽衣を隠されたという三保の松原（静岡県）と同じような羽衣伝説がある。ここではマツでなくヤナギで、そのヤナギが残っている。

ここ余呉湖でもウナギ漁をしている。その餌にミミズを使っているらしいという話を聞

図 29　賤ヶ岳からの余呉湖

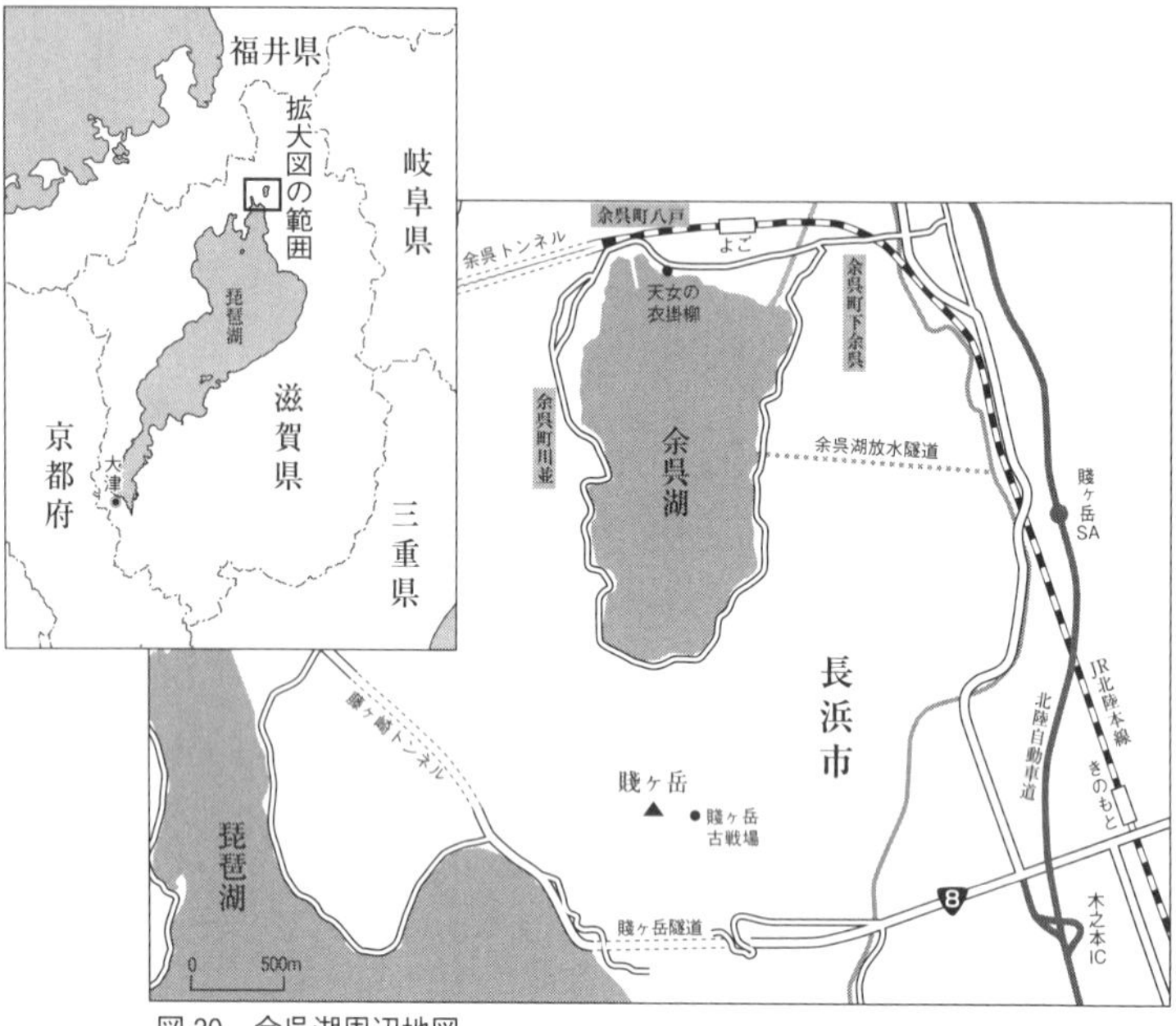

図 30　余呉湖周辺地図

き、もしかしたらハッタミミズかも知れないと、２００７年（平成19）10月、ここへ出かけてみた。ここでウナギ漁・ワカサギ養殖と民宿を経営されている桐畑智訓さんにお会いし、餌のミミズを捕っているという余呉駅近くの田んぼへ案内してもらった。畔の脇から簡単にミミズを引っ張り出してくれた。まちがいなくハッタミミズであった。捕りすぎないよう気配りしているようであったが、かなりたくさんいた。しかし、いるのはここだけだとのことであった。

そのあとも、何度か余呉湖へでかけ調べてみたら、余呉湖周辺の川並、菅並（すがなみ）、下余呉、八戸などにも分布することがわかった。ともかく、独立した余呉湖でのハッタミミズの分布が確認できるという意外な展開になった。

5．三方五湖周辺でも発見

さらに、予想外に、２００９年5月24日、福井県の三方五湖（みかたごこ）近くの三方上中郡若狭町中山（みかたかみなかぐんわかさ）（気山（きやま））の放棄水田を復田したところで上西実さんらによってこのハッタミミズが発見され、２０１０年に『福井陸水生物会報』17号に発表された。

三方五湖は福井県三方郡美浜町と若狭町にまたがる5つの湖の総称で若狭国立公園を代

表する景勝地で、２００５年11月にはラムサール条約指定湿地にも登録されている。五湖のうち若狭湾に面した北の日向湖は海水、久々子湖、水月湖、菅湖は汽水、一番奥、南の三方湖は淡水とされる（図31、32）。塩分濃度の異なることで湖面の色がちがい、五色の湖とも呼ばれ、五湖を一周する道路をレインボーラインと命名している。

ハッタミミズは一番南、内陸寄りの淡水の三方湖周辺と汽水湖の菅湖周辺の若狭町の中山（図33）、成出のほか、生倉、向笠などに分布している。その後、ハス川・高瀬川下流域の両岸（生倉、館川、鳥浜、田名、世久津、田井、別庄）などにも分布することがわかった。その後、ここでも長さ85㎝のものがみつかっている。

私自身、２０１０年7月、上西実さんの案内で生倉の生息地をみせてもらったが、琵琶湖以外ではここにだけという魚のハスの保護を目指した水田放棄地・湿田であった。水田はいわゆる湿田で、ところどころに島状に植物群落があったが、これはここに埋まる縄文時代のスギの根株を覆うものだった。ここでは水田の畔だけでなく水田付近のヨシの根元からも発見されている。近くに鳥浜縄文遺跡があり、現在、舞鶴・若狭自動車道が完成・開通している。

その後、淡水湖の三方湖周辺だけなのかと他の湖を回ってみたが、みつからなかった。しかし、さらにくわしく調べてみる必要はある。

図 31　三方湖

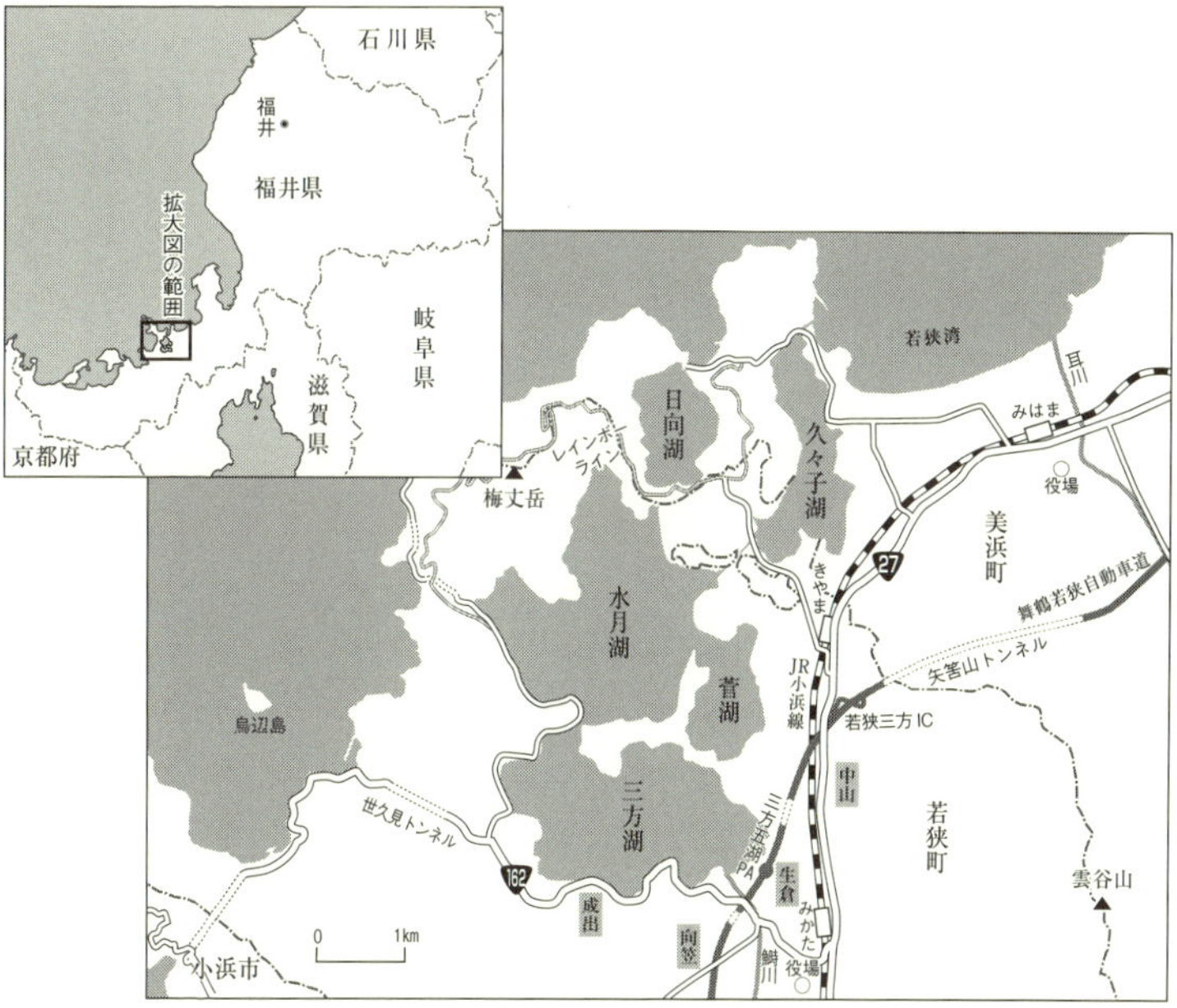

図 32　三方五湖周辺地図

図 33　若狭町中山の生息地

上西さんらは琵琶湖とここ三方五周辺にのみ自然分布するコイ科の魚食性の淡水魚ハス（鯎）の保護に取り組んでおられる。ハスはからだつきはオイカワに似ているが、最大40㎝にもなる。自然分布は琵琶湖水系と三方五湖周辺に限られていたのだが、琵琶湖産の小アユをアユ釣りのため各地の河川に放流した際、アユにまじって広がり、現在、関東、中部（濃尾平野）、中国（岡山）、九州などでの定着が確認されている。河川中・下流の比較的流れの緩やかのところに生息し、ルアーで釣れるという。日本以外ではアムール河水系、朝鮮半島、中国、長江水系からインドシナ半島北部、台湾に分布し、日本のものとは別亜種にされている。

琵琶湖ではケタ、ケタハスなどと呼ばれ、あらい、塩焼などにするとおいしいとされ、またなれ寿司の原料にもするようだ。分布が限られることから環境省レッドリストでは絶滅危惧Ⅱ種に指定されている。

6．北海道にも分布？

ハッタミミズの分布地を石川県河北潟、滋賀県琵琶湖と余呉湖、福井県三方五湖だけとして分布論を展開しているのだが、『滋賀県で大切にすべき野生生物（滋賀県レッドデータブック）』（２００５年版）ではハッタミミズの分布地を「北海道、石川県、近畿地方」としている。河北潟から、琵琶湖、余呉湖、そして三方五湖へと分布域については意外な展開はあったものの、狭い範囲内での分布だと思っていたのに、遠い北海道にも分布することが確かなら、このハッタミミズの分布域、伝播についてもう一度考え直さないといけない。

北海道に分布するとの記述の根拠は青木淳一（編）『日本産土壌動物　分類のための図解検索』（東海大学出版会１９９９）の中でのミミズ綱（貧毛類）についての中村好男（よしお）氏の記述であろう。さらに、その元はと探ると、それは日本のミミズのリストをつくった英国自然史博物館のイーストン（Easton, E.G., 1981）の論文「日本産ミミズ　Japanese earthworms」で、英国自然史博物館研究報告動物学編『Bulletin of British Museum, Natural History, Zoology』40(2)の中で本種の分布を石狩（Ishikai と誤植されているが）と金沢・八田としていることによろう。イーストン自身が北海道で発見したわけではない。最近改訂版がでた『日本産土壌動物　分類のための図解検索』（第二版）（２０１５）でも「ハッタミミズのみが北海道に分布する」としている。

さらに、その根拠はと調べてみると、大淵眞龍（１９３８）の論文、「石狩沃野の水田に発生する蚯蚓 Pheretima 属に対する動物学的考察」（『植物及動物』６巻（12号）であることがわかった。この論文はイネの生育を阻害するフトミミズ科のセグロミミズの生態と稲作被害を述べたもので、半水生のミミズとして、セグロミミズのほかにハッタミミズがいると紹介しているものの、これが北海道に分布するとは記述していない。このほかには現在のところ北海道に分布するとの報告はないので、北海道に分布するというのは誤りとしていいであろう。ハッタミミズを再記載したブレークモアー（Blakemore, R.J., 2003）も本種の分布を北海道、金沢、八田村、琵琶湖とし、分布地は限られるものの北海道から琵琶湖まで広く分布することから本種は多分、外国からの移入種だとしている。

私の推理のとおり北海道への分布は誤りなのか、本当に分布するのか、ハッタミミズ研究を進めるためにもはっきりさせないといけない。北海道に分布するという根拠を明確に示してほしいものだ。もし、北海道への分布が確かなものなら、あらためて銭屋五兵衛の持ち込み説が有力になってくる。

『滋賀県で大切にすべき野生生物（２０１０年版）』の執筆は私が担当したので、北海道への分布は削除し、河北潟、琵琶湖、余呉湖、三方五湖としておいた。

石川県河北潟から福井県三方五湖の間には日本海沿いには潟湖とされるものがいくつもある。あるいはこれらのどこかで確認できるのはないかと、２０１０年（平成22）7月、福井県あわら市北潟湖、石川県小松市木場潟、加賀市鴨池、片山津市柴山潟などを、上西実、出島大、南谷幸雄さんとともに調べて歩いたが、確認はできなかった。しかし、これら潟湖周辺で、あるいは、もっと広い範囲内、すなわち河北潟、琵琶湖、余呉湖、三方五湖を囲む範囲で発見される可能性はまだある。大淵眞龍『みみずと人生』の中にハッタミミズについての記述はないが、『北越奇談』（文化9年、１８１２）に新潟県蒲原曽根村に2尺ばかりになるミミズが、それも池に生息する、あるいはこれはハッタミミズかも知れないとしている。このことについてはあとで述べる。

第4章 ハッタミミズの謎と生息環境の変化

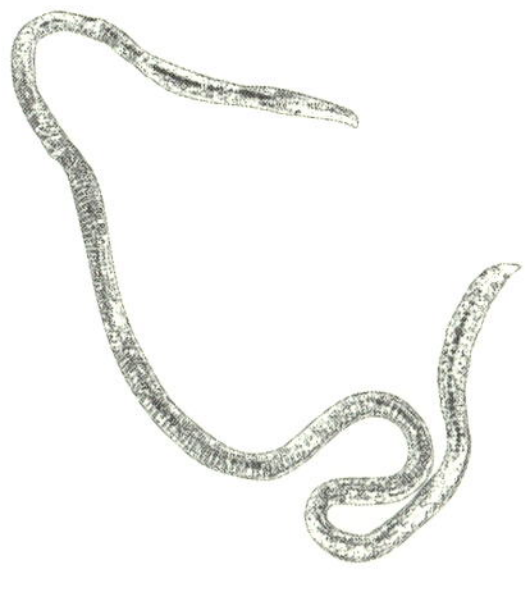

1. 分布についての考察

ハッタミミズの分布についてのこれまでの見解は、畑井の説によるもの、すなわち東南アジアのどこかから河北潟八田村へ移入され、それが琵琶湖へ運ばれたのではということであった。それが琵琶湖周辺に広く分布することがわかり、さらには余呉湖、三方五湖でも発見された。北海道への分布は誤りだとしたが、それでも河北潟、琵琶湖、余呉湖、三方五湖の分布をどう考えたらいいのだろう。

琵琶湖の水は大阪湾・瀬戸内海へ、一方、三方五湖は日本海若狭湾へつながり、双方の水系はまったくつながっていない。上平幸好（ゆきよし）（2005）はハッタミミズが水系のつながっていない琵琶湖と三方五湖に隔離分布することについて、純淡水生のスジシマドジョウが琵琶湖に流入する知内川と福井県高瀬川に、琵琶湖特産のハスが琵琶湖と三方湖に分布する事実から、河川争奪・流路変更があったのではと推測している。琵琶湖と三方五湖を結んでいた河川が、隆起などで分かれてしまったのではないかということだ。しかし、ハッタミミズの分布は現在では湖岸近く、あるいは平坦地である。河川争奪に影響されるほどの上流部に本種が生息していたとも思われない。河川争奪があったことも確認されていないようだ。メダカでは、若狭湾から北陸地方の集団と琵琶湖を含む大阪湾沿岸の集団とは明らかに遺伝的には異なる集団だとされている。ハッタミミズの分布を河川争奪で説明するのはちょっと困難なようにも思われる。

ただ、約５００万年前に名古屋付近に東海湖と呼ばれる大きな湖と三重県南部に古琵琶湖が誕生した。古琵琶湖は約６００〜５００万年前に大山田湖、約３００万年前に阿山湖に、約２７０万年前には甲賀湖が伊賀盆地に発生し、それが次第に北に移動し、現在位置になっているらしいのだが、現在でも年５cmの移動を続けており、将来は若狭湾へくっつくとされる。甲賀湖の湖水は一時奈良盆地に流れていたともいう。

琵琶湖でのハッタミミズの分布は湖岸近くだと述べたものの、東近江市蒲生、甲賀市水口などかなりの内陸部にも分布することを考えれば、広く古琵琶湖地域にも、さらには古東海湖にも眼を向けてみる必要はあろう。

古くはより広く分布していたハッタミミズだが、現在では河北潟、琵琶湖、余呉湖、三方五湖の４ヵ所に分布域が狭まったと考えていいと思っている。しかし、まだ新しい産地がみつかるなど、意外な展開があるようにも思えるし、その発見を期待している。

分布についてはもう一つ考慮しないといけないことがある。すなわち、人為的移動の動機だ。その一つが、釣り餌としての価値だ。河北潟、琵琶湖、余呉湖ではウナギあるいはギギ釣りの餌としてハッタミミズを使っている。三方五湖でもウナギ漁はしているが、餌には何を使っているか確認していない。湖岸近くに生息し長いので2つあるいは3つに切って使えることから、餌として適当だと知り、どこからかもらってきたのではないかという推測である。その可能性も今のところ、まったくは否定できない。

釣り餌としての利用

世界中、ミミズと魚のいるところ、どこでもミミズを釣り餌として使っている。ヨーロッパからのアメリカへの移民もミミズを持ち込み、手近なところで繁殖させ、それをマス釣りの餌に使った。アメリカにヨーロッパ原産のミミズが広く分布する一つの理由だ。ハッタミミズの生息を知れば、それを釣り餌として使ったのは当然であったろう。河北潟から持ってこなくても、琵琶湖でも自然発生的にハッタミミズを釣り餌としての利用はあったのではと思う。

ブレークモアー（Blakemore 2010）は琵琶湖周辺でのハッタミミズの分布がパッチ状に分断されていることから、最近になって移入された可能性のあることを指摘している。しかし、まだ詳細な分布図もできていないし、ＤＮＡでの研究も進んでいるので、このことはまもなく解明されよう。

薬（地龍）としての利用

まだよくわからないことは、このハッタミミズを薬・熱さましとして使っていた、さらには寝小便に効くといわれることだ。このことは１９７９年（昭和54）、ハッタミミズを近江八幡市で見つけたときにも聞いている。京都の漢方薬屋さんへ行くと、今でも「地龍（じりゅう）」と呼ばれる干したミミズをたくさん売っている（図34）。この地龍にはかつては国産品があったが、現在ではすべて中国からの輸入品だとのことだった。ミミズの内臓をとりだし乾燥させたもので、硬くごわごわしている。国産品は内臓をとりださずそのまま乾燥したものだったので、効き目はずっとよかったという。剛毛の配列から大型のフトミミズ類であった。

中国の『神農本草経』にすでにミミズの効能の記載があり、日本でも古くから薬としても利用されたようだ。松尾芭蕉もすべての熱病を治すのにミミズ湯に勝る妙薬はないといっている。実際、大正年間に東京大学医学部の田中伴吉・額田晋（ぬかだすすむ）によってシマミミズからルンブロフェブリンという解熱効果のある物質が報告されている。しかし、何が活性物質な

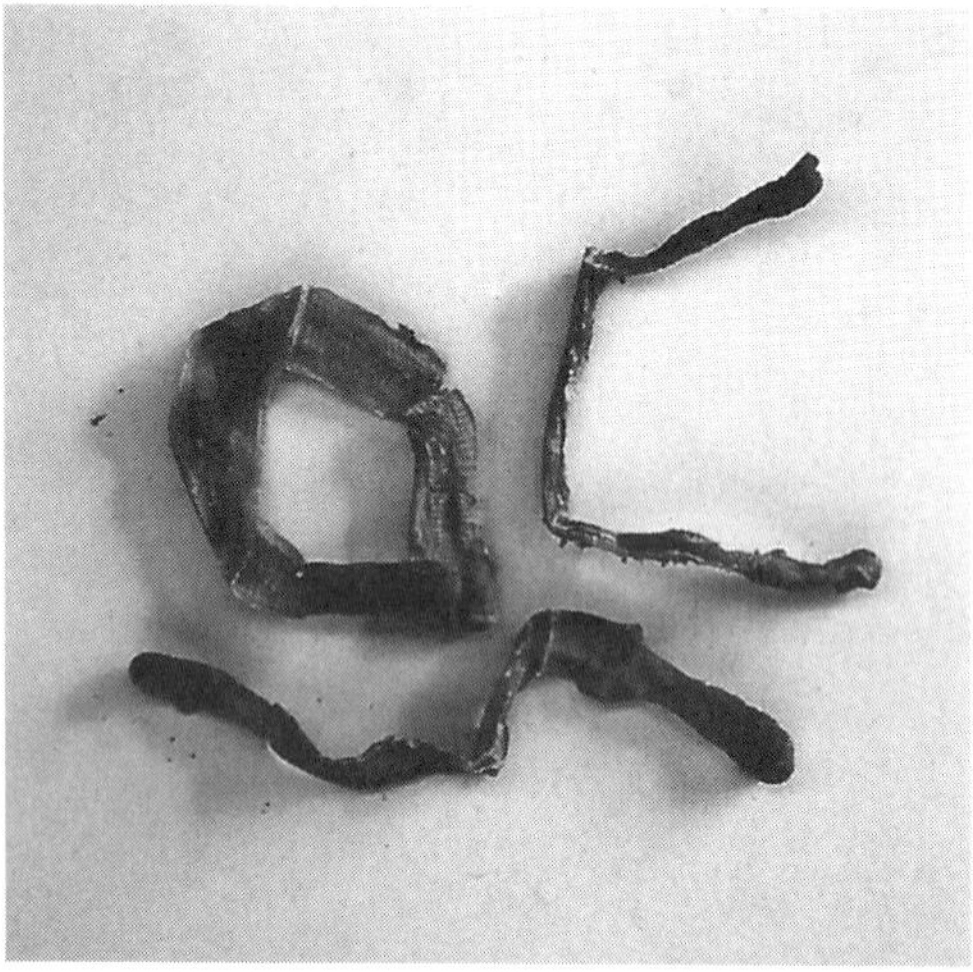

図 34　漢方薬店で売られる地龍

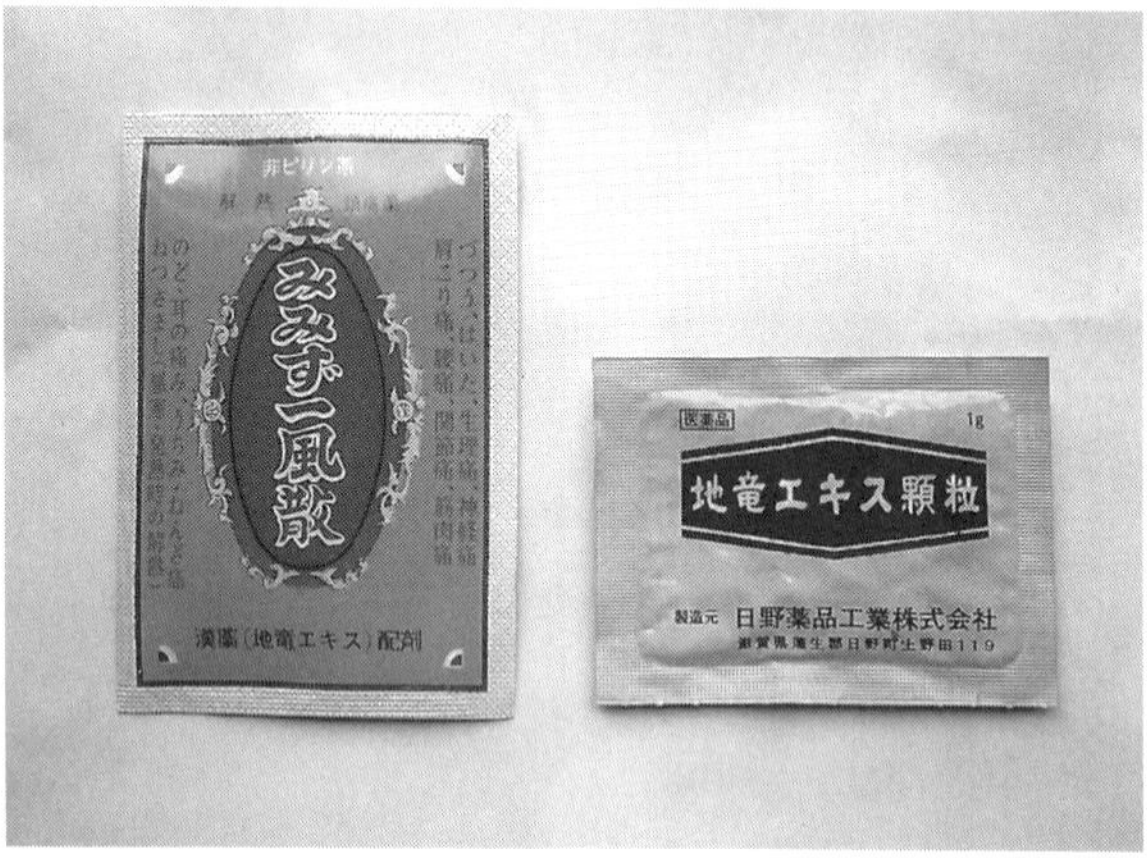

図 35　「地竜エキス」入りの風邪薬

のかまだ解明されていないともいわれる。

現在、解熱剤・風邪薬の主成分はアセトアミノフェンやアスピリンだが、ミミズエキスの入ったものが売られている。滋賀県の日野町にある日野薬品工業製の風邪薬も商品名は「地竜エキス顆粒」で「3g中に地竜エキス散1500mg」と書いてある。この地竜（ミミズ）エキスというのが、どのようなものかわからない。このほかにも、奈良県の明日香村にある天真堂製薬会社が製造販売している「みみず一風散」のように、商品名にミミズの名がついているものがある（図35）。カタカナ表記の薬品名より、「ミミズ」が入っている方が効くとの暗示・心理的影響ではないかとも思うのだが、本当に有効な成分を含んでいるのかもしれない。

人見勅輔さんによれば、1950年代半ば頃まで東近江市や近江八幡市では熱を出すと乾燥したミミズの粉末を呑ませたとか、乾燥ミミズがなかったので、父親が田んぼから大きなミミズを捕ってきて3〜4cmくらいに刻み、フライパンで炒めたものを呑まされたといった話を記録されている。中には臭くて苦手だったので、熱があっても黙っていた人もいたという。しかし、経験者は「不思議に熱は下がった」といっているそうだ。

泥の中とか田んぼから捕ってきたというのだから、ハッタミミズだったのだろう。私も乾燥したハッタミミズは残っていないのだろうかと確かめたくて聞いていると、東近江市の瓦屋寺の名がでてくる。これは、東近江市建部瓦屋寺町にある臨済宗寺院で、その名が地名にもなっている。お寺でつくっているはずはないし、この周辺の村落でつくっていたのだろうか。実際、瓦屋寺を訪ねたことがあるが、そんな話は聞いたことがないとの返事だった。

薬としての乾燥したミミズ、その粉末、もう残っていないのだろうか。一度みてみたいと思っている。しかし、薬としての利用があった、それもかなりの人が知っていたのなら、琵琶湖周辺でのこのハッタミミズの存在を古くから知っていたということでもある。

2. わかっていない生態　卵包はルビー色

分布域が限られていることはあるが、このハッタミミズの寿命など生活史・生態はまったく調べられていない。すでに述べたように、本種の生息は畔や水路わきの水のつかない地表面に糞塊をだしていることで確認できる。畔にはクソミミズ、フキソクミミズ、セグロミミズなども生息し、糞塊をだしていることがあるが、クソミミズでは仁丹のような小さなきれいな粒状（図36）であるのに、ハッタミミズではやや棒状、それらがつながり、より大きな塊になる。ときにはその直径は10㎝をこえる。

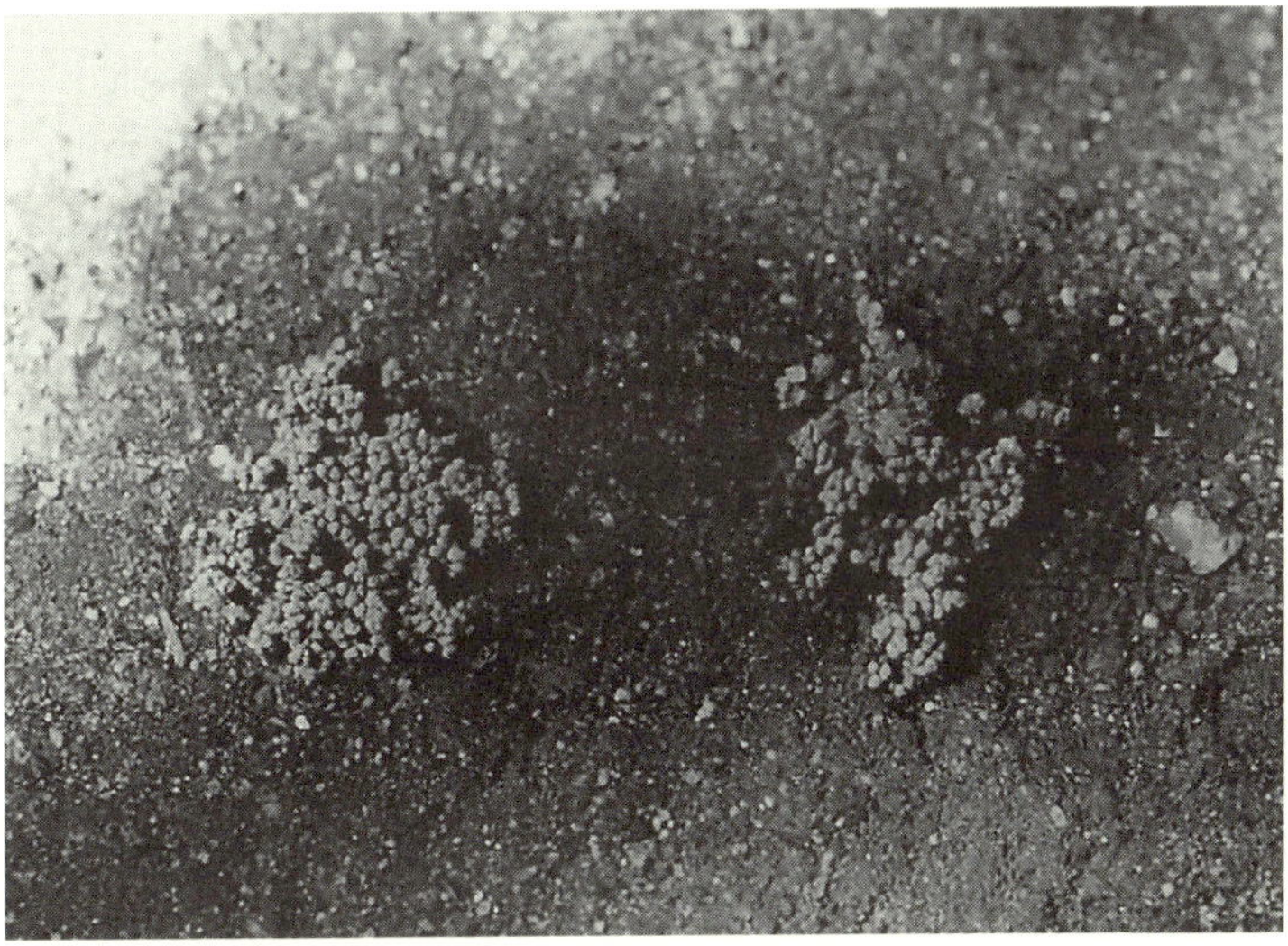

図 36　クソミミズの糞塊

湖国ハッタミミズ・ダービーでは一塊24・5㎝というのがあったそうだ。ほかにまちがえるものはいないので、一度、これを見ておけば、ハッタミミズの生息が確認できる。この下を掘ればミミズは確実にいる。稲刈りで水田の水を落したあと、水田の中央部のイネのまわりにも糞塊がでていることがあるので、夜間などにはどうも泳ぎだしているようだ。

琵琶湖では5月に、河北潟では8月に卵包を見つけた（図37）。ミミズでは一つの卵に一つの卵子でなく、いくつもの卵子が入っている。いくつもの幼体がでてくるということだ。都市部のごみ捨て場にわいていたシマミミズ（*Eisenia fetida* = *E. foetida*）でも私自身で13個体もでてくるのをみていたことがある。最大60個体もでたという記録もある。そのため卵（Egg）といわないで卵包（Cocoon）という。

ハッタミミズの卵包についてはすでに大淵眞龍（1938）の記載があるが、新しい卵包は柔らかく色はやや白く、硬化後は黄色あるいは褐色に変化するとしているが、私の印象はルビー色の鮮やかな赤だ。これは孵化近いということであろう。長さ約1㎝の球形、あるいはやや楕円形で、両端がやや尖ったレモン形である。田んぼの黒い土の中からでてくるルビーだから、あったらすぐにわかる。6～8月に小さな個体がみられるので、この時期に産卵・孵化しているようである。一つの卵包から2～3個体でてくるとされるが、琵琶湖博物館の大塚泰介さんによれば、ここで孵化させたハッタミミズの卵包からはいずれ

図 37　ハッタミミズの卵包

図 38　ハッタミミズの幼体

図39　ハッタミミズを食べるユリカモメ（写真：高橋奈絵）

も2個体でてきたそうである。

元今津中学校の中村美重さんによれば、今津中学校で飼育していたハッタミミズはガラス水槽で特別な世話もせず4～5年は生きていたという。フトミミズにくらべ、寿命はずっと長いようである。孵化直後の幼体から飼育する、あるいは野外で季節的に体重を測定すれば、孵化時期、生長速度、寿命などがわかってくるはずである。ハッタミミズの保護のためにも、その生態を解明しておかないといけない。琵琶湖博物館で孵化したものは飼育しているそうだ。その生長が楽しみである。

ハッタミミズで気になることは、畔から引っ張り出す時、すぐに切れてしまうことだ。水田の畔にいるミミズの存在には野鳥も気づいていないと思っていたのだが、河北潟ではユリカモメが、彦根ではタゲリがハッタミミズを引っ張り出して食べているところが観察されている（図39）。生息密度の大きいところでは野鳥の餌になっているようである。切れやすいことはこれら野鳥から逃げられることに役立つのだろう。

ミミズの卵子はからだの前方にある環帯の腹面にある雌性孔からでてくる。心臓、脳（脳神経節）、生殖器官など大事なものはからだの前方、環帯付近に集めている。蒸気機関車が長い貨車を引っ張っているようなものだ。貨車は長い消化管である。このことは先にも述べた。ハッタミミズの特徴はぶら下げるとずんずん伸びることだと述べたが、それは切れやすいということでもある。すぐに切れる、何度も切れるのである。これを自切（じせつ）というが、切っても生存には差し支えない。野鳥やモグラに捕まっても切れやすくしてからだの一部を与え、その間に逃げるという作戦である。もちろん、２つに切れても２匹になることはない。

しかし、フトミミズ類では切れたまま、短いままなのに、ハッタミミズは切れたところからどうも再生するようだ。からだのうしろの方だけ色が変ったり、細くなったりしているものがある。この部分が再生しているようである。飼育などで確かめたいことだ。

もう一つ、おもしろい特徴はほかのミミズならバットの中に入れておくと逃げ出さないのに、ハッタミミズは頭を持ち上げ、軽々とバットの外へ逃げ出してしまうことだ。バットに入れておいても目が離せない。

ハッタミミズはトンネルの中では逆さ向き

ハッタミミズはぶら下げると92㎝もの長さに伸びるが、標本ではせいぜい30㎝である。実際、土の中にいるときはそのくらいの長さなのだろう。夏の活動期に掘ってみるとハッタミミズはまっすぐ垂直に入っているようだ。引っ張ってもなかなか抜けない。畔に地表と平行に横向きに潜っている様子はどうもない。

ハッタミミズのいることは糞塊でわかるといったが、糞はミミズのしっぽ（肛門）からでてくる。口からでるものではない。お尻を地表に出し、糞を積み重ねているということだ。信じられないだろうが、ミミズは逆さ向きで暮らしている。

ミミズを主として落ち葉の下や地表にいるヒトツモンミミズ、フトスジミミズなど表層種、土壌表層から深させいぜい30㎝程度までに生息するクソミミズ、セグロミミズなど浅層種、垂直に深くトンネルを穿つイイズカミミズ、ノラクラミミズなどの深層種に分けることができる。地表に仁丹のような小さな粒状の糞を排泄するクソミミズは夏の活動期には間違いなく地表近くに、それも地表とほぼ平行にトンネルを穿っているが、真冬に調べ

図 40　タイの煙突状のミミズの糞塊

図 41　トンネルは地表と平行だった

てみると、もっとも深いものは60〜70㎝もの深いところにいた。まっすぐに潜るようだ。

東南アジア、タイの東北部には直径5㎝、高さ35㎝にもなる大きなタワー状の糞塔をつくるミミズがいる（図40）。このタワーの真ん中にトンネルがあり、ミミズが逆上がりしてお尻を突出し、水気たっぷりの糞を積みあげていく。高さ35㎝の糞塔の先端へお尻をだすのだから、まちがいなく逆さ向きである。このミミズのトンネルは地中深く垂直に掘られているのだろうかと、糞塔の先から石膏を流し込み、トンネルの形状を調べてみたことがある。トンネルは深さ10〜20㎝のところで、地表と平行に走った（図41）。しかし、この糞塔をつくるのは雨季の間だけである。乾季に掘ってみたところ、これも深いものは深さ70㎝のところにあった硬いラテライト層の上にいた。いつも逆さ向きではない。糞を排泄するときだけ、逆上がりするようだ。

ハッタミミズは発光するか

ミミズの中にはホタルミミズのように発光するものがいる。といっても、ホタルのような発光・点滅ではない。ホタルミミズは体長3㎝くらいの細いミミズで、土の中から掘り出す、触るなどで刺激を受けたときにだす粘液（体腔液）が蛍光色を帯びるのである。滋賀県でも琵琶湖博物館周辺や大津市などで確認されている。先にも述べたようにホタルのような点滅はしないので、夜間でも簡単には確認できない。発見は地表に排出される小さな糞粒をみつけることだ。これがわかればその下に確実にいる。しかし、慣れていたらというこ と、「これが糞粒だ」と教えてもらわないとむつかしいだろう。海岸に打ち上げられた藻（も）の下などにいるイソミミズも同様に刺激によって光る。ハッタミミズにもちょっとそんな疑いがあるようだ。

大淵眞龍『みみずと人生』（1947）の中で、橘崑崙（こんろん）『北越奇談』（文化9年、1812）の巻の五、怪談（地虫の怪）その三（蚯蚓・田螺・河鹿）の中の長さ2尺の大ミミズのことをハッタミミズかも知れないとしている。記述は「西川の曽根というところの町裏の窪地にある池に塵芥を捨てて、何十年も掃除をしなかったところ、ある年の六月、梅雨が降り続き蒸し暑い夜、青白く光るものが池の辺りにあらわれて這い回った。人々が怪しんで提灯などで照らしながら集まってみると、長さ二尺もある蚯蚓であった。このことから考えると、西国に大蚯蚓がいるということも本当かも知れない」とある（荒木常能・磯部定治：現代語訳　北越奇談　1999）。

西川曽根は新潟県西蒲原（にしかんばら）郡西川町曽根、信濃川の支流でその下流右岸にある。大淵眞龍は「ミミズの長さが二尺余もあることや生息している場所等から、これはハッタミミズと結びつけて考えるのも無理からぬことで、著者もハッタミミズと考えないことはないが、四国土佐、中国地方にいるシーボルトミミズではないかとも思われる。しかし、シーボルトミミズは表皮のガラス層が光るもの、月光でも光るが、分布の点でどうかと思う」と記述している。

ハッタミミズと似ているとあるのは大淵眞龍の記述である。本当に、『北越奇談』に記述があるものがハッタミミズなら、河北潟でのハッタミミズの発見・命名より、よほど、昔にすでに「ハッタミミズ」が知られていたということになる。いずれにしろ、この大きなミミズがハッタミミズとは確認されていないのだから、ハッタミミズが発光するかどうかわからないとしておこう。

3. 遺伝子（DNA）解析の登場

ハッタミミズの分布を考えるとき、これまで述べてきたように、琵琶湖と三方五湖との水系争奪、河北潟・余呉湖・琵琶湖の成立、あるいはもっと古く大陸からの分離など、数百万年規模の地誌的・地質的年代を考慮しないといけないであろう。銭屋五兵衛が江戸時代初期に河北潟にどこからか持ち込み、それが釣り餌などとして琵琶湖などに運ばれたとすれば、それも生きた植物といっしょに偶然持ち込まれたとすれば、個体数は限られ、その産地もかなり狭い範囲からであったはずだ。そのＤＮＡはきわめて似たものであったろう。河北潟から意図的あるいは非意図的に運ばれたものであれ、遺伝子構造を解析することで、その移動の有無やルートを検討することが可能になる。ハッタミミズが日本固有種か外国からの移入種かの判断もできる。

横浜国立大学環境情報研究センターの南谷幸雄さんがこの問題に取り組んでおられ、その結論が待たれる。河北潟、琵琶湖、余呉湖、三方五湖の４ヵ所で採集したハッタミミズのミトコンドリアＤＮＡの塩基配列を分析したところ、余呉湖と琵琶湖東側で構成されるグループⅠと、琵琶湖西岸、余呉湖、河北潟から構成されるグループⅡに大別されるという、河北潟と三方五湖、河北潟と琵琶湖に同じハプロタイプが検出されたという。まだサンプル数が少ないのだが、琵琶湖周辺には多様なハプロタイプがあり、河北潟にはその一部しかないことから、あるいは琵琶湖から河北潟への分布拡大があったのではとも推測できるという。

サンプルを増やせば、分布拡大のルートなど、はっきりした結論が得られる。少なくと、江戸時代に人為的に移入されたといったことは否定できるようだ。各地のハッタミミズの遺伝子を解析しての研究の成果を期待している。

4. 変わる水田の景観　畔がなくなる

これまで述べてきたように、ハッタミミズを移入種・外来種とする説もあったが、現在では河北潟、琵琶湖、余呉湖、三方五湖の周辺にのみ分布する在来種・日本固有種だとの考えから、環境省『レッドデータ』（２００６）では準絶滅危惧種（ＮＴ）にリストアップされ、『石川県レッドデータブック』では絶滅危惧Ⅰ類、『滋賀県レッドデータブック』（２０１０）でも絶滅危機増大種にランクされている。

琵琶湖周辺では水田に案外広く分布するといったものの、実際には水田を取り巻く環境は大きく変わっている。まず、農村基盤整備事業での一枚の水田の拡大である。集約化・老齢化に対応しての機械化、すなわちトラクター・耕耘機の導入のため、小さく畔で区切られていた水田が、大きく平坦な一枚の水田になった。そのことで省力化ができ生産性も上がったのだろうが、一方でどこも畔が細いコンクリートになっている。当然、土の畔は壊され、ハッタミミズが入りこむ場所はない。

水田にいるヘイケボタル、ミズスマシなどの甲虫類の幼虫も蛹（さなぎ）になるときは畔など土の中に入るのだが、コンクリートの畔ではとても入り込めない。畔がなくなることは、

図 42　広い畔のある水田、ここでは両側に糞塊がある

ハッタミミズ以外の生きものにも大きな影響を与えている。

水路は狭い三面張り、あるいはU字溝に換わり、さらには水路がなく地中に導水管が設定されているところもある。基盤整備の進まない水田でも畔の両側に深く畦畔シートが敷かれている。水漏れを防いでいるのだが、ハッタミミズの生存・移動を大きく妨げているようだ。

頻繁なトラクター・耕耘機の利用、多様な農薬の繰り返しての散布、分蘖（ぶんけつ）を促進させるための数度の中干し、さらには宅地、工業用地への転換も進んでいる。水の入らない休耕田も多い。生息地が水田の畔に限定されているハッタミミズは、どこにも逃げるところがない。その生息は大きく脅かされているといっていい。

田植えのため水を張った水田にたくさんのオ

タマジャクシが現れたものの、中干しで絶滅、オタマジャクシはもちろん、カブトエビもホウネンエビもいなくなった。これが数年続けば、もうそこにはカエルもカブトエビもいない。すでに沈黙の水田ができている。水田を見ればそのことはよくわかる。ハッタミミズもその姿をみせることなく、消えているようだ。

分布が限られているハッタミミズにとって、いずれの地域でもその生息環境が大きく悪化していることを知っていただきたい。それも目に触れない動物だけに、訴える力は弱い。その存在を知っていただくとともに、その保護に取り組まないといけない。きれいな動物であれば、とっくの昔に天然記念物になり、切手になっているのだろうが、その存在され知られることなく絶滅に向かっている。

5. 滋賀県にも数多く存在する未記載種・新種

ジュズイミミズ科のハッタミミズについて述べてきたのだが、滋賀県内に生息する陸生大型ミミズ類についてもどんなものがいるのか、現在、何種類確認されているのか述べておきたい。

水生のビワミミズ科のヤマトヒモミミズ（ビワミミズ・ナガオビミミズ）（*Criodrilus bathybates*

＝*Biwadrilus bathybates*）は1917年にステフェンセン（Stephensen）によって琵琶湖からの未熟の個体標本により記載されたもので、体長20㎝、琵琶湖特産と考えられていたが、その後、山形、京都、大阪、兵庫、山口などの河川や水田でも確認されている。しかし、琵琶湖での分布の詳細、生態はまったく調べられていない。標本はインド、カルカッタ（コルカタ）博物館に保存されているという。滋賀県レッドデータブック（2010）では要注意種とされている。

陸生のものについては、小林新二郎が「四国、中国、近畿及中部諸地方の陸棲貧毛類に就いて」（動物学雑誌　53(5)、1941）の中で滋賀県比叡山からメガネミミズ、イロジロミミズなどフトミミズ科4種、他地域でも採集されている未記載種5種、ツリミミズ科サクラミミズなど3種、他地域と共通の未記載種2種を記録しているが、この未記載種については新種記載されずに終わったようで残念だ。

その後、筆者が「ミミズ類の分布と環境―滋賀県志賀町での調査から―」関西自然科学44、1―3（1995）で志賀町（現大津市）から記録したサクラミミズ、シマミミズ、クソミミズなど19種があるが、この中のニセセナグロミミズは当時の検索表での分類で本種かもしれないとしたものの、現在、本種の分布は北海道・東北地方のみとされるので、これは再検討した方がいいようだ。さらに8種は同定できなかったものだ。

南谷幸雄・田村芙美子・鳥居春巳・前田喜四雄の「近畿地方における大型陸生貧毛類相」（関西自然保護機構会誌32(2)、２０１０）では滋賀県の17ヵ所での調査から、カッショクツリミミズ、サクラミミズ、ハッタミミズ、メガネミミズ、ハタケミミズ、ヘンイセイミミズ、ヒトツモンミミズ、クソミミズ、フキソキミミズ、ヒナフトミミズ、タッピミミズ、ノラクラミミズ、シーボルトミミズ、フツウミミズと同定できない5種があるとしている。

２００９年（平成21）、滋賀県生きもの総合調査で「その他陸生無脊椎動物」調査を依頼され、陸生大型ミミズ類をミミズ類の分類が専門の南谷幸雄さんと担当、滋賀県のミミズがだいぶわかってきた。なお、これまでフトミミズ（*Pheretima*）属とされていたものをアミンタス（*Amynthas*）とメタフィレ（*Metaphire*）の二つの属に分けることが提案されているが、この2つに明瞭に分けることは困難だともされていた。さらにその後、日本産のフトミミズを6属に分けることが提唱されているが、研究者によってはその妥当性に疑問も示されているし、私自身も自信がないので、ここではこれまでのフトミミズ（*Pheretima*）属を使っておく。

ヘンレキミミズ（*Pheretima heterochaeta*）とヘンイセイミミズ（*P. heteropoda*）はこれまで別種とされてきたが、分子系統学的には両種は区別できないとされるので、これはヘンイセイミミズとして扱うと、滋賀県には陸生の大型ミミズは5科33種が分布する。さらに、フトミミズ科の13種は既知種としては同定できないもので、新種の可能性が高いものだ。これまでタッピミミズ（*P. tappensis*）としてきたものは、別種の新種であることがわかったそうだ。滋賀県のミミズにも、なお多くの未記録種・新種が存在する。滋賀県特産のミミズもいるかも知れないのである。早く、新種記載してほしいものだ。

滋賀県のミミズ

ジュズイミミズ目

ジュズイミミズ科（*Moniloigastridae*）

エダジュズイミミズ *Drawida eda* Blakemore, 2010

大津市の枝・黒津・稲津の水田から採集され新種記載されたもので、県内はもちろん、他地域での分布域もまだ確認されていない。

ハッタミミズ　*D. hattamimizu* Hatai, 1930

ヤマトジュズイミミズ　*D. japonica*（Michaaelsen, 1892）

栃木県以南の本州、四国、九州、またインド、中国南部、台湾、朝鮮半島にも分布する。彦根市で確認されている。

ナガミミズ目

ビワミミズ（ナガオビミミズ）科（*Criodrilidae*）

ヤマトヒモミミズ（ナガオビミミズ、ビワミミズ） *Criodrilus bathybates* ＝ *Biwadrilus bathybates* Stephenson, 1917

滋賀県レッドデータブック（２０１０）では注意種。

カイヨウミミズ科（*Ocnerodrilidae*）

和名なし　*Eukerria saltensis*（Beddard, 1895）

汎世界種、南米原産と考えられている。大津市黒津の他、東京町田市、神奈川県鎌倉市で採集されている。外来種のようである。

ツリミミズ科（*Lumricidae*）

サクラミミズ　*Eisenia japonica*（Michaelsen, 1892）＝ *Allolobophora japonica* Michaelsen

全国に広く分布。滋賀県でも各地に分布する（図43）。

シマミミズ　*E. fetida*（Savigny, 1826）＝ *A. foetida*（Savigny. 1826）

汎世界種。志賀町（現大津市）などで確認されている。

クロイロツリミミズ　*Aporrectodea trapezoides*（Duges, 1928）＝ *A. caliginosa*（Savigny, 1826）

全国に広く分布するが、ヨーロッパからの移入種と考えられている。滋賀県では大津市皇子山公園

図43　サクラミミズ

などで採集されている。

キタフクロナシツリミミズ *Bimastos parvus*（Eisen, 1874）

汎世界種。全国に広く分布するとされる。

フクロナシツリミミズ *Dendrodrilus rubidus*（Savigny, 1826）

汎世界種。大津市皇子山公園・黒津などで確認されている。

ハチオウジツリミミズ（新称） *Eisenia*（*Helodrilus*）*hachiojii* Blakemore, 2007

東京八王子で初記録、滋賀県でも長浜市西浅井町塩浜、大津市黒津で採集されている。水田の泥の中に生息するとされる。

ムカシフトミミズ科（*Acanthodrilidae*）

ホタルミミズ *Microscolex phosphoreus*（Duges, 1837）

大津市、草津市（琵琶湖博物館周辺）などで確認されている（図44）。

フトミミズ科（*Megascolecidae*）

メガネミミズ *Pheretima acincta*（Goto & Hatai, 1899）

北海道、本州、四国に広く分布。滋賀県でも各地で記録されている。

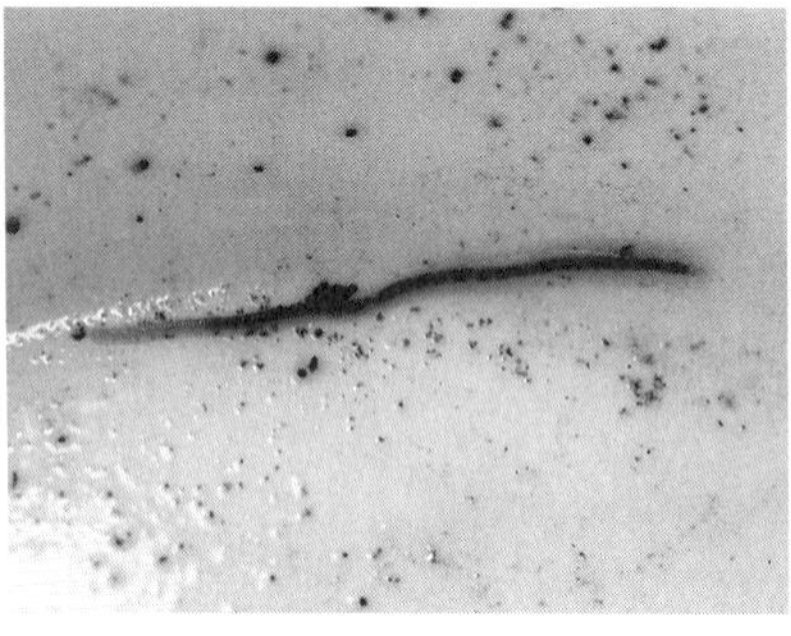

図44　ホタルミミズ

ハタケミミズ *P. agrestis*（Goto & Hatai, 1899）
北海道から九州、朝鮮半島に分布。北アメリカに移入。滋賀県内にも広く分布。

メキシコミミズ *P. californica*（Kinberg, 1867）
汎世界種。サカグチミミズ（*P. sakaguchii*）とされていたものは本種のシノニムとされる。

フツウミミズ *P. communissima*（Goto & Hatai, 1899）
西日本に広く分布。大津市、長浜市などで確認されている。

ハワイミミズ *P. gracilis*（Kinberg, 1867）= *P. hawayana*（Rosa）
汎世界種。かつて *P. hawayana* とされていたものは本種とされる。大津市黒津で採集されている。

ヘンイセイミミズ *P. heteropoda*（Goto & Hatai, 1898 = *P. heterochaeta*（Goto & Hatai, 1898））
東北から九州に広く分布し、韓国にも定着している。滋賀県でも各地で確認されている。

ヒトツモンミミズ *P. hilgendorfi*（Michaelsen, 1892）
北海道から九州まで広く分布する普通種の一つ、韓国やアメリカにも定着しているとされる。滋賀県内にも広く分布する。

クソミミズ *P. hupeiensis*（Michaelsen, 1895）

全国に広く分布するが、中国原産とも考えられている。滋賀県内にも広く分布する。

フキソクミミズ *P. irregularis*（Michaelsen, 1895）

北海道から九州、韓国。滋賀県内にも広く分布。

フタツボシミミズ *P. masatakae*（Beddard, 1892）

東京以西の本州、四国、九州。滋賀県では彦根市、大津市などで確認。

ニセセナグロミミズ（ニセセグロミミズ）*P. marenzelleri*（Cognetti, 1906）？

本種は北海道・東北地方に分布するとされるので、再検討した方がいいようだ。

ノラクラミミズ *P. megascoliodioides*（Goto and Hatai, 1899）

東北地方以南の本州、四国、九州、対馬、朝鮮半島に分布。東近江市、大津市などで確認。

ヒナフトミミズ *P. micronaria*（Goto and Hatai, 1898）

北海道から九州まで広く分布、滋賀県にも広く分布する。

イロジロミミズ *P. phaselus typical* Hatai, 1930

北海道、本州、九州、朝鮮半島に分布。大津市比叡山、甲賀市で確認されている。

シーボルトミミズ　*P. sieboldi*（Horst, 1883）
　米原市、東近江市、甲賀市、大津市などで確認されている。滋賀県レッドデータブックで要注意種。

ミタマミミズ　*P. soulensis* Kobayashi, 1938
　長浜市、米原市、高島市、大津市などで確認されている。

ホソスジミミズ　*P. striata* Ishizuka, 1999
　多賀町、大津市などで確認。

タンボフトミミズ　*P. tanbode*（Blakemore, 2010）
　大津市黒津で採集され新種記載された。移入種の可能性が指摘されているが、その分布域などはわかっていない

トサミミズ　*P. tosaensis*（Ohfuchi, 1939）
　これまで高知県・宮崎県で採取されていたものだが、滋賀県でも採集されたが分類上問題があるとされる。

フトスジミミズ　*P. vittata*（Goto & Hatai, 1898）
　全国に広く分布、滋賀県でも広く分布するようだ。

ヤマフトミミズ　*P. yamade*（Blakemore, 2010）

比良山系武奈ヶ岳、高島市朽木で採集され、新種記載された。分布域はわかっていない。

リュウノメフトミミズ（新称） *P. ryunome* Blakemore, 2010

彦根市開出今町で採集され、新種記載されたが、その分布域などはわかっていない。

このほか、フトミミズ類に13種以上もの新種と考えられるものがある。

これらのうち普通種の分布、特徴などについては、石塚小太郎著・皆越ようせい写真『ミミズ図鑑』（2014）にくわしい解説がある。

新種として記載され、学名の基準に指定された標本のうち、学名の基準になる単一の標本を正模式（正基準）標本（Holotype）といい、正模式標本とちがう性の標本を別模式標本（Allotype）という。一つを正模式標本と指定した場合、残りの標本は副模式（従基準）標本（Paratype）とされる。新種記載時に命名者が複数の標本を使用し、正模式標本を指定しなかった場合、そのすべてを等価基準標本（Syntype）という。日本では戦前、日本人によって新種記載されたミミズのタイプ標本の多くが行方不明になっている。このため新たにタイプ標本の指定が一部のもので行われている。この標本をネオタイプ（Neotype）という。タイプ標本とされるものも、このように区別されるが、いずれも貴重な標本であり、博物館などに大切に保存されている。

ブレークモアーさんによって滋賀県内で採集され、新種として記載されたミミズのうちエダジュズイミミズイ、タンボフトミミズ、ヤマフトミミズの標本は琵琶湖博物館、リュウノメフトミミズの標本は東京の国立科学博物館に保管されている。

新種が採集された地域をとくに基産地という。エダジュズイミミズ、タンボフトミミズ、ヤマフトミミズなどの基産地が滋賀県ということになる。

滋賀県のミミズでも汎世界種、外来種（移入種）としたものがいくつかある。海水はミミズの移動を妨げる。日本列島が大陸から分離したあとは簡単には渡って来られなかったはずだ。日本列島が大陸と地続きの時代にすでに渡ってきていたか、交易が盛んになった明治以降、あるいはつい最近移入したのかの判断はむつかしい。

ミミズの分布にはそんな昔のことでなく、最近のこと、たとえば火山の噴火による火山灰の堆積でも分布域がせばめられる。東日本大震災での仙台平野では津波による海水の浸入とその後の地盤沈下での海水の浸入で、ミミズがいなくなっていた。こんなこともミミズの分布域を考えるとき、気にしないといけない。それはともかく、ここでは全世界に広く分布するものを汎世界種とし、かなり最近侵入したのではないかと思われるものを外来種（移入種）としておいた。

多様な外来生物の侵入・定着が報告されているが、分類研究の遅れているミミズでは、その地方にどんなミミズがいたかといった調査がないのだから、古くからいたか、新しく侵入・発見されたかの判断ができないのである。

参考書

青木淳一（編）日本産土壌動物　分類のための図解検索　東海大学出版会（１９９９）

荒木常能（監修）・磯部定治（著）：現代語訳　北越奇談　野島出版（２０００）

Darwin, C.: The formation of vegetable mould through the action of worms with observations on their habits. Murray (1881) 渡辺弘之（訳）：ミミズと土　平凡社（１９９４）

ＤＢジャパン：日本の児童文学　登場人物検索　民話・昔話集篇　ＤＢジャパン（２００６）

ＤＢジャパン：日本の物語・お話絵本　登場人物検索　ＤＢジャパン（２００７）

蝦名賢造：日本近代生物学のパイオニア　畑井新喜司の生涯　西田書店（１９９５）

畑井新喜司：みみず　改造社　１９３１（復刻版　サイエンティスト社１９８０）

北国新聞社編集局（編）：のと・かが　四季の野生　北陸新聞社（１９７３）

市村塘・安田作次郎：石川県天然記念物調査報告　第七輯　八田蚯蚓　42―65石川県（１９３１）

石川県：改訂石川県の絶滅のおそれのある野生生物　いしかわレッドデータブック（動物編）　石川県（２００９）

石塚小太郎・皆越ようせい：ミミズ図鑑　全国農村教育協会（２０１４）

環境省自然環境局野生生物課：改訂レッドリスト付属説明資料　その他無脊椎動物（クモ形類・甲殻類等）８　環境省（２０１０）

河北潟湖沼研究所（編）：河北潟レッドデータブック　河北潟湖沼研究所（２０１３）

弘文堂：日本昔話事典（縮刷版）　弘文堂（１９９４）

大淵真竜：みみずと人生　牧書房（１９４７）

滋賀県百科事典刊行会（編）：滋賀県百科事典　大和書房（1984）
滋賀県自然研究会：滋賀県の田園の生き物　滋賀県農政水産部（2001）
滋賀県環境審議会（編）：滋賀の生物多様性の保全を図るための措置のあり方について（答申）関係資料集　滋賀県（2005）
滋賀県生きもの総合調査委員会（編）：滋賀県で大切にすべき野生生物　滋賀県レッドデータブック　2005年度版　サンライズ出版（2006）
滋賀県：滋賀県で大切にすべき野生生物　滋賀県レッドデータブック　2010年版　滋賀県自然環境保全課（2011）
下山忠行（編揖）：今世開巻奇聞　修身舎（1887）
小学館：日本方言大辞典　小学館（1989）
「たかしま生きもの田んぼ」プロジェクト：農家による生物多様性保全策の展開に向けて　報告書　高島市農業振興課・アミタ持続可能経済研究所（2008）
橘崑崙：北越奇談　文化9年（1812）
寺島良安：和漢三才図絵　巻五四湿生類（1712、正徳2年）東京美術（復刻版）（1969）
渡辺弘之：土壌動物の世界　東海大学出版会（1978）
渡辺弘之：ミミズ　嫌われもののはたらきもの　東海大学出版会（2003）
渡辺弘之：土の中の奇妙な生きもの　築地書館（2011）
渡辺弘之：ミミズの雑学　北隆館（2012）

参考論文

Blakemore, R. J. : Cosmopolitan earthworms - an ecotaxonomic guide to the peregrine species of the world.（First CD edition）. VermEcology, Kippax, Australia.（2002）

Blakemore, R. J. : Japanese earthworms（Annelida: Oligochaeta）a review and checklist of species. Organisms, Diversity and Evolution. 3（11）, 1-43（2003）

Blakemore, R.J.: Helodrilus hachioji sp.nov. (Oligochaeta; Lumbricidae) from Japan. Edaphologia 82 : 17-23（2007）

Blakemore, R. J., E. K. Kupriyanova & M. J. Grygier. : Neotypification of Drawida hattamimizu Hatai, 1930（Annelida, Oligochaeta, Megadrili, Monilogastridae）as a model linking mtDNA（COI）sequences to an earthworm type, with a response to the ‘ Can of Worms` theory of cryptic species. ZooKeys 41, 1-29（2010）

Blakemore R. J & E. K. Kupriyanova : Unraveling some Kinki worms（Annelida: Ologochaeta: Megadrili: Monili-gastridae）. Part I. Opusc. Zool. Budapest, 41（1）3 -18（2010）

Blakemore, R. J. : Unravelling of some Kinki earthworms（Annelida: Oligochaeta: Megadrili: Megascolecidae）. Part II. Opusc.Zool. Budapest（2010）

Blakemore, R. J. & M. J. Grygier : Unravelling of some Kinki earthworms（Annelida: Oligochaeta: Megadrili: Megascolecidae）. Part III, Soil Organisms 83（2）, 265-278（2010）

Easton, E.G. : Japanese earthworms: A synopsis of the megadrile species（Oliogochaeta）. Bull. Brit. Mus. Nat. Hist.（Zool..）40（2）, 33-65,（1981）

Hatai, S. : On Drawida hattamimizu sp.nov. Sci. Rep. Tohoku Imp.Univ. 5（3）, 485-508（1930）

畑井新喜司：八田ミミズに就いて　動物学雑誌42（５０４）、３０７（１９３０）

定塚謙二：石川県の生物　１　八田ミミズ　石川の自然1、１、５（１９７１）
上平幸好：総説　日本及び周辺域に生息するジュズイミミズ類とその分布―原始的な陸棲種の動物地理学的考察―　函館短期大学紀要31、１―９（２００５）
小林新二郎：四国、中国、近畿及中部諸地方の陸棲貧毛類に就て（資料）　動物学雑誌53、５、２５８―２６６（１９４１）
京都新聞社：京都新聞「日本最長のハッタミミズがいた　滋賀新旭町」５月５日号朝刊（１９７９）
南谷幸雄・田村芙美子・鳥居春巳・前田喜四雄：近畿地方における大型陸生貧毛類相　関西自然保護機構会誌32（2）、１１３―１２５（２０１０）
大淵真竜：石狩沃野の水田に発生する蚯蚓 Pheretima 属に対する動物学的考察．植物及動物６（12）、１９９１―１９９８（１９３８）
人見勅輔：滋賀県内におけるミミズの薬利用について　第４回琵琶湖地域の水田生物研究会　要旨集（２０１３）
谷口　恵：ハッタミミズ（*Drawida hattamimizu* Hatai, 1930）の滋賀県における分布と糞塊によるバイオマス推定法　滋賀県立大学環境科学部卒業課題論文（２００９）
高橋　久・川原奈苗・出島大２００８：石川県津幡町及びかほく市におけるハッタミミズの分布　河北潟総合研究　15、１―４（２００８）
上西　実：三方湖付近の水田で採集されたハッタミミズについて　福井陸水生物会報　17、２―６（２０１０）
結城實城：博物断片（其一）　近江博物同好会　８、２９６―３０５（１９４０）
結城實城：博物断片（其二）　近江博物同好会　９、３１９―３２２（１９４０）

渡辺弘之：琵琶湖周辺にも分布するハッタミミズ　Edaphologia 27, 45-46（1982）
渡辺弘之：ミミズ類の分布と環境　滋賀県志賀町での調査から　関西自然科学44、1―3（1995）
渡辺弘之：足元の未知の世界　―土壌動物を調べる―　関西自然保護機構会誌26（2）141―144（2004）
渡辺弘之：琵琶湖周辺に分布するハッタミミズとその保護について　関西自然保護機構会誌27（2）、5―9（2005）
渡辺弘之：ハッタミミズ（ハッタジュズイミミズ）の分布　地域自然史と保全36（1）、67―76（2014）

おわりに

本文中で述べたように、ハッタミミズは石川県河北潟畔の八田村で発見され、その分布地が限られたことなどから加賀の豪商銭屋五兵衛が東南アジアのどこかからもってきたものだとされていた。それが琵琶湖沿岸に広く分布すること、さらには余呉湖と福井県の三方五湖にも分布することが確認された。

その分布調査に夢中になっていたのだが、他のミミズ調査にない困難があった。すなわち、このミミズが主として田んぼの畔に生息するという習性である。水田地帯を歩き、糞塊を発見し本種の生息を確信しても、勝手に畔を壊すわけにはいかない。農家の方がもっとも嫌うことだ。水田の所有者を訪ね、了解を得て畔を壊しハッタミミズを採集するしかない。逆に、農家の方はこのミミズの存在を知っている、その情報をいただく方が早いとも思った。

畔に生息するということは畔の中にトンネルを穿ち、水漏れの原因になるということだ。アゼトウシといった呼ばれ方をしている。畔は水を貯めるもの、そこにトンネルを穿ち、水を漏らし、畔を崩しては嫌われてしまう。しかし、実際には所有者の前で「これがハッタミミズの糞塊です、ここに長いミミズがいるんです」と、掘りだすと、こんなものが自分の田んぼにいるとは知らなかったといわれたこともある。水漏れの原因だというのも私には許してもらえないほど大きなものではないように思える。琵琶湖博物館のハッタミミズ・ダービーも農家からの情報をいただければと思って始めたものである。

幸いに、滋賀県生きもの総合調査委員会に「その他陸生無脊椎動物部会」が設置され、その部会長を委嘱されたので、滋賀県のミミズ類調査の一環としてハッタミミズ分布調査を続けることができた。

はじめにも述べたように、琵琶湖周辺の水田に日本最長のハッタミミズが分布することを知っていただきたいのだが、それは同時に新しい分布地の発見などにつながると思った。まさかと思うところでの発見の報告を期待しているところである。一方で、ハッタミミズの生息環境、すなわち水田をめぐる変化が大きいことも知っていただきたかった。農村基盤整備事業での水田の変化である。集約化・機械化に対応してのものであるが、小さく畔で区切られていた水田が大きく平坦な一枚の水田になった。そこにあるのはコンクリートの細い畔だ。ハッタミミズの潜り込める場所はない。多様な農薬の使用、中干し、水の入らない休耕田、さらには宅地・工業用地への転換も進んでいる。その変化は一目瞭然であろう。ハッタミミズの生息にとって有利なことは一つもない。土の中での変化は私たちには見えない。

ハッタミミズの保護を訴えたいのだが、それにはまず分布域の把握、生態の解明が必要であろう。その上で、訴えるのが順序だろうが、そんな悠長な時間はない。分布が確認されたところでの保護がまず必要なのである。ハッタミミズに換わって、そのことを訴えたい。本書がその一助になってくれるとうれしい。

ハッタミミズについて種々の情報をいただいた上平幸好（函館大学）、出島大（金沢市役所環境政策課）、江成義成（滋賀県農業技術振興センター）、伊藤雅道（駿河台大学経営経済学部）、石津文雄（高島市新旭町針江）、来見誠二（マキノ中学校）、中村美重（元・今津中学校）、桐畑智訓（長浜市余呉町）、松本喬夫（東近江市）、谷口恵（元・滋賀県立大学環境科学部）、上西実（龍谷大学理工学部）、浦部美佐子（滋賀県立大学環境科学部）、大塚泰介・石田末基（滋賀県立琵琶湖博物館）、南谷幸雄（横浜国立大学環境情報研究センター）、高橋久（NPO法人河北潟湖沼研究所）さん、また、貴重な写真をお借りした上平幸好、山本尚義、出島大、高橋奈絵、大塚泰介さんに、厚くお礼申し上げる。

サンライズ出版社長岩根順子さんには本書の出版をご決断いただき、編集部の岸田幸治さんには一般の方に読みやすくなるよう貴重なアドバイスを、さらには地図の作成・地名の確認などの協力をいただいた。厚くお礼申し上げる。

■著者略歴

渡辺弘之（わたなべ　ひろゆき）

1939年愛媛県生まれ、1961年高知大学農学部卒業、1963年京都大学大学院農学研究科修士課程修了、1966年同博士課程修了、1966年京都大学助手、1971年同講師、1981年同助教授、1990年同教授、2002年退職、現在、京都大学名誉教授。

1993年日本土壌動物学会賞受賞、1996～2000、2004～2008年日本土壌動物学会会長、1998～2000年日本林学会評議員・関西支部長、1999～2002年国際アグロフォレストリー研究センター（ケニア、ナイロビ）理事、2000～2004年日本環境動物昆虫学会副会長、2002～2008年関西自然保護機構理事長、2011～2015年京都園芸倶楽部会長など歴任。

現在：ミミズ研究談話会会長、社叢学会副理事長、滋賀県生きもの総合調査「その他陸生無脊椎動物部会」部会長　など

著書：『土壌動物の生態と観察』（築地書館 1973, 1990）、『土壌動物の世界』（東海大学出版会 1978, 2002）、『土壌動物のはたらき』（海鳴社 1983）、『ミミズの生活を調べよう』（さえら書房 1983）、『土の中の動物を調べよう』（さえら書房 1985）、『ミミズと土』（平凡社 1994）、『土の中の生き物　観察と飼育のしかた』（築地書館 1995）、『ミミズのダンスが大地を潤す』（研成社 1995）、『ミミズ』（東海大学出版会 2003）、『土の中の奇妙な生きもの』（築地書館 2011）、『ミミズの雑学』（北隆館 2012）、『森の動物学』（講談社 1983）、『アジア動物誌』（めこん 1998）、『タイの食用昆虫記』（文教出版 2003）、『カイガラムシが熱帯林を救う』（東海大学出版会 2003）、『由良川源流芦生原生林生物誌』（ナカニシヤ出版 2008）、『熱帯多雨林の植物誌』（平凡社 1986）、『東南アジアの森林と暮し』（人文書院 1989）、『東南アジア林産物20の謎』（築地書館 1993）、『熱帯の非木材林産物』（国際緑化推進センター 1994）、『樹木がはぐくんだ食文化』（研成社 1995）、『アグロフォレストリーハンドブック』（国際農林業協力協会 1998）、『熱帯林の保全と非木材林産物』（京都大学学術出版会 2002）、『東南アジア樹木紀行』（昭和堂 2005）、『果物の王様　ドリアンの植物誌』（長崎出版 2006）、『熱帯林の恵み』（京都大学学術出版会 2007）、『京都　神社と寺院の森』（ナカニシヤ出版 2015）など多数。

びわ湖の森の生き物5
琵琶湖ハッタミミズ物語

2015年9月15日　初版1刷発行

著　者　渡辺弘之
発行者　岩根順子
発行所　サンライズ出版
〒522-0004　滋賀県彦根市鳥居本町655-1
TEL 0749-22-0627　FAX 0749-23-7720

印刷・製本　シナノパブリッシングプレス

ISBN978-4-88325-579-5
JASRAC 出 1509984-501

びわ湖の森の生き物 シリーズ

日本最大の湖、琵琶湖をとりまく山野と河川には、大昔から人間の手が加わりながらも、人と野生動物とが共生する形で豊かな生態系が築かれてきました。当シリーズでは、水源として琵琶湖を育んできたこれらを「びわ湖の森」と名づけ、そこに生息する動植物の生態や彼らと人との関係を紹介していきます。

人家からそう遠くない場所に生きる彼らのことも、まだまだわからないことばかりです。生き物の謎解きに挑む各刊執筆者の調査・研究過程とともに、その驚きの生態や人々との興味深い関わりをお楽しみください。

■…既刊

1 空と森の王者 イヌワシとクマタカ
山﨑 亨

2 ドングリの木はなぜイモムシ、ケムシだらけなのか?
寺本憲之

3 川と湖の回遊魚 ビワマスの謎を探る
藤岡康弘

4 森の賢者カモシカ
—鈴鹿山地の定点観察記—
名和 明

5 琵琶湖ハッタミミズ物語
渡辺弘之

以下続刊